政府审计
与生态文明建设研究

李占伟　丁晓蓉 ◎ 著

线装書局

图书在版编目（CIP）数据

政府审计与生态文明建设研究 ／ 李占伟，丁晓蓉著
． -- 北京：线装书局，2023.6
ISBN 978-7-5120-5525-4

Ⅰ．①政… Ⅱ．①李… ②丁… Ⅲ．①生态环境建设
—政府审计—研究—中国 Ⅳ．①F239.63

中国国家版本馆 CIP 数据核字（2023）第 118290 号

政府审计与生态文明建设研究

ZHENGFU SHENJI YU SHENGTAI WENMING JIANSHE YANJIU

作　　者：李占伟　丁晓蓉
责任编辑：曹胜利
出版发行：线装书局
　　　　　地　　址：北京市丰台区方庄日月天地大厦 B 座 17 层（100078）
　　　　　电　　话：010-58077126（发行部）010-58076938（总编室）
　　　　　网　　址：www.zgxzsj.com
经　　销：新华书店
印　　制：河北创联印刷有限公司
开　　本：710mm×1000mm　1/16
印　　张：14
字　　数：293 千字
版　　次：2023 年 6 月第 1 版第 1 次印刷

定　　价：88.00 元

线装书局官方微信

前　言

　　建设生态文明，是关乎人民福祉、关乎民族未来的长远大计。生态文明建设是中国特色社会主义"五位一体"的重要组成部分，贯穿政治建设、经济建设、文化建设和社会建设中的系统性工程。政府审计是审计监督体系中的重要组成部分，担负着促进生态文明建设的历史使命和义不容辞的责任和义务。只要把握生态文明建设的内涵、地位和作用，政府审计与生态文明建设面临的现实困难，政府审计促进生态文明建设的重点领域，政府审计促进生态文明建设的主要途径，构建促进生态文明建设的生态建设审计模式等问题才能在审计工作中明晰思路和重点，丰富资源环境保护和生态文明建设相关理论，牢固树立科学生态文明审计理念，促进审计事业发展。

　　开展生态文明审计是促进我国环境可持续发展，推动我国经济稳步向前的有效方式之一。同时，这也是在当前大力提倡生态文明建设的背景下，帮助被审计单位实现利润最大化的重要方式之一。

　　本书以政府审计与生态文明建设为核心，概述了生态文明建设的内涵、历史定位、意义以及生态文明发展路径，接着详细地阐述了生态文明体制建设、农业绿色发展与生态文明建设，之后重点分析了政府审计基本内容、政府审计组织与审计法律规范、政府审计基本业务流程、政府审计标准，并在政府审计服务生态文明建设理论与实践方面做出重要探讨。

　　本书在编写过程中参考了目前国内的最新研究成果，在此向相关作者一并表示感谢。由于作者水平有限，书中难免存在不妥之处，敬请广大读者批评指正。

目　录

第一章　生态文明建设概述

第一节　生态文明建设的内涵

一、生态文明解读

（一）生态文明的产生

生态是指自然世界生物（植物、动物、微生物）之间、生物与环境之间的存在状态及其相互依存、相互促进、相互制约、相互影响的复杂关系。生态一般是指自然生态，自然生态是按照自在自为的规律存在、运行、发展的。1866年，德国生物学家恩斯特·海克尔提出"生态学"的概念，将其界定为讨论动物与外界环境关系的学问。1935年，英国生态学家坦斯利提出"生态系统"概念，认为有机体不能与其所处的环境分离，必须与其所处的环境形成一个自然生态系统，它们都按一定的规律进行能量流动、物质循环和信息传递。地球上的生态系统可分为陆地生态系统和海洋生态系统。陆地生态系统又分森林、草原、淡水、沙漠、农田、城镇生态系统等；海洋生态系统分为浅海带生态系统和外海带生态系统。自然生态系统有着自在自为的发展规律。生态文明概念的提出就是基于生态学的基本观点，在一个独立的生态系统中，所有生命存在和非生命存在都有着极其重要的作用。

1987年，联合国环境与发展世界委员会提议，"所有人都拥有为了健康和幸福享受自然的权利。"1992年，《里约热内卢宣言》指出："人类拥有获得与自然调和的、健康的生产生活的权利。"人类是自然生态系统的一部分，与其他生命形式相互依存、相互制约、不可分离。人与自然的关系制约着人与人、人与社会的关系，人受自然法则的约束，人类享受物质生活、追求自由和幸福的权利，只能限制在环境承载能力许可范围之内。当人类对自然的强大干预超过了自然的调节能力，自然不堪忍受人类的掠夺和踩躏时，便会向人类报复。地球生态系统是脆弱的，如果听任传统工业文明对地球生态环境进行摧残和破坏，人类将无家可归。恩格斯早就发出过警告："我们不要过分陶醉于我们人类对自然界的胜利。对于每一次这样的胜利，自然界都对我们进行报复。"如果把"人定胜天"推向极致，将使人类陷入生存困境。人类参与到自然环境的形成、改变或创造的过程中，影响着整个自然生态系统的动态平衡，也给生态系统的自我化和循环再生带来了越来越深重的困难。人类不断从自然界掠夺各种自然资源，又制造一些自然生态系统中不曾有过的物质，而这可能导致生态系统的失衡甚至达到难以修复的结局。人类应当准确认识自身在自然生态系统中的位置：人类不再是自然的征服者，而是自然的消费者和管理者，是与自然共命运的利益攸关者。自此，生态文明逐渐进入人们的视野中。

（二）生态文明的定义

生态文明有广义与狭义之分。狭义的生态文明是就人与自然的关系而言的，着眼于保护自然生态环境、与自然和谐相处，侧重点在环境保护和经济形态方面。广义的生态文明是在农业文明、工业文明之后的社会文明形态，包括人与自然的关系、人与社会的关系、人与人的关系等方面，强调共生共存、全面的和谐。生态文明作为一种新的文明形态，是人们基于对工业文明弊端的反思提出的一种力图实现人口、资源、环境之间协调发展的文明范式。这种新型文明形态是对"天人合一"的农业文明以及崇尚创新的工业文明各自精华的继承和扬弃，也是人类文明路径的转向和人与自然关系的再定位。

要实现生态文明转向就必须从两个方面进行变革，①伦理价值观的转变，改变人们对自然存在的认识；②生产和生活方式的转变，改变工业文明时期资源浪费型生产方式和消费方式。生态文明观认为，不仅人是主体，自然也是主体；不仅人有价值，自然也有价值，不仅人依靠自然，所有生命都依靠自然。人类必须尊重自然，保护自然，维护生态平衡。生态文明观继承和发扬农业文明和工业文明的长处，以人类与自然的相互作用为中心，把自然界放在人类生存与发展的物质基础的地位。人类与生存环境的共同进化就是生态文明，威胁其共同进化就是生态愚昧。只有在最少耗费物质能量和充分利用信息进行管理，在最无愧于和最适合于人类本性的条件下，进行人类与自然之间的相互作用，才能确保社会的可持续发展，才能展现生态文明的辉煌。

所谓生态文明，指人们在改造客观物质世界的同时，以科学发展观看待人与自然的关系以及人与人的关系，不断克服人类活动中的负面效应，积极改善和优化人与自然、人与人的关系，建设有序的生态运行机制和良好的生态环境所取得的物质、精神、制度方面成果的总和。生态经济学家刘思华把生态文明定义为：联合劳动者遵循自然、人、社会有机整体和谐协调发展的客观规律，在生态经济社会实践中取得的，以人与自然、人与人、人与社会、人与自身和谐共生共荣为根本宗旨的伦理、规范、原则和方式及途径等成果的总和，是以实现生态经济社会有机整体全面、和谐、协调发展为基本内容的社会经济形态。

理解生态文明需要把握其整体性、全面性和发展性要求：

（1）整体性要求就是：建设社会主义生态文明，不能仅仅停留于将生态文明理解为抽象的人与自然和谐共生与协同进化的阶段，生态文明应当是以人的解放与全面发展、自然解放与高度发展有机统一为基本范畴的人与自然、人与人、人与社会、人与自身的和谐统一与协调发展，既表现为自然、人、社会有机整体全面和谐发展，又表现为生态经济社会有机整体全面协调发展。

（2）全面性要求就是：生态文明是社会形态和经济形态内在统一的社会经济形态（或经济社会形态），它既包括生产力和生产关系的内容，又包括由此决定的社会经济结构和上层建筑的内容，是经济的、政治的、精神以及社会各领域的综合有机体，其本源是生产力、生产关系（经济基础）、上层建筑的有机统一体。因此，社会主义生态文明是生态和谐、经济和谐、社会和谐内在统一的崭新文明形态与生态经济社会有机整体全面、和谐、协调发展的经济社会形态。

（3）发展性要求就是：要把握生态文明的本质属性、科学内涵、基本特征与实践指向。生态文明是扬弃、超越资本主义与资本主义工业文明的全新的社会主义文明形态与经济社会形态，是发展中的文明形态，是实践中的文明成果。

二、生态文明的主要特征

从生态文明的定义可知，生态文明的核心是生态和谐价值观在经济社会发展中的建设实践及其成果的反映，倡导尊重自然、保护自然、合理利用自然，把生态建设与经济建设、社会建设放在同等重要的地位，实现生产发展、生活富裕、生态良好、人与自然和谐。

（一）生态文明的内在要求

（1）生态文明是高于迄今为止其他文明的一种文明形态。从人类文明发展历程来看，先后经历了原始文明、农业文明、工业文明，生态文明是高于历史上各种文明的高级文明形态。它是在对传统文明破坏生态、威胁人类生存的弊端进行深刻反思和扬弃后形成的一种新的文明，是对人类传统文明的整合、重塑和升华，是人类社会进步的重要标志，是现代文明的一种高级形态。

（2）生态文明突出强调人与自然的平等、共生、和谐。鉴于人类对自然生态严重破坏导致的恶果，走出"人类中心主义"的误区，必须清醒地认识到，人类不过是自然生态系统中的一员，与自然界万物是平等的，是共生共存的，人与自然不是主从关系，更非征服与被征服、控制与被控制的关系。人类必须尊重自然、依靠自然，与自然和谐相处。人类追求功利和幸福不能逾越自然所允许的范围。只有与自然平等、共生、和谐，人类文明才能持续和发展。

（3）生态文明要求维护生态安全。生态安全是生态系统得以延续的保障。生态文明要求全社会、全人类都必须履行维护生态安全的责任和义务，人人都要对保护生态尽职尽责，不以恶小而为之，不以善小而不为。面临生态破坏的情形，应自觉地承担建设和改善生态的责任和义务。每一个国家、每一个社会组织和机构都要尽到自己的责任，形成一种平等合作关系，共同保护和建设生态系统。

（4）生态文明要求经济与生态协调发展。生态文明要求人类选择有利于生态安全的经济发展方式，建设有利于生态平衡、节约能源资源和保护生态环境的产业结构、增长方式、消费模式。推行循环经济，提高可再生能源比重，有效控制污染物排放，实现经济与生态协调发展。生态文明要求抛弃与自然对抗的科技形式，采取与自然和谐的科技形式，开辟更丰裕、更和谐的时代。在传统工业文明时代，科技指向稀缺、污染、不可持续的资源范围。在生态文明时代，科技指向丰裕、清洁、可持续利用的资源范围。

（二）生态文明的基本特征

生态文明是人类文明的一种形式。它以尊重和维护生态环境为主旨，以可持续发展为根据，以未来人类的继续发展为着眼点。人类的发展不仅要讲究代内公平，而且要讲究国际之间的公平，亦即不能以当代人的利益为中心，甚至不能为了当代人的利益而不惜牺牲后代人的利益。

（1）生态文明的自然性与自律性。突出自然生态的重要，强调尊重和保护自然环境，强调人类在改造自然的同时必须尊重和爱护自然。追求生态文明的过程是人类不断认识自然、适应自然的过程，也是人类不断修正自己的错误、改善与自然的关系和完善自然的过程。

（2）生态文明的和谐性与公平性。生态文明是社会和谐和自然和谐相统一的文明，是人与自然、人与人、人与社会和谐共生的文化伦理形态，是人类遵循人、自然、社会和谐发展这一客观规律而取得的物质与精神成果。生态文明是充分体现公平与效率统一、代内公平与代际公平统一、社会公平与生态公平统一的文明。

（3）生态文明的整体性与多样性。从自然的角度看，地球生态是一个有机系统，生态问题是全球性的，生态文明要求我们具有全球眼光，从整体的角度来考虑问题。从人类角度看，生态文明对现有其他文明具有整合与重塑作用，社会的物质文明、政治文明和精神文明等都与生态文明密不可分，是一个统一的整体。多样性是自然生态系统内在丰富性的外在表现，生态文明的价值观强调尊重和保护地球上的生物多样性，强调人、自然、社会的多样性存在，强调人与自然公平、物种间的公平，承认地球上每个物种都有其存在的价值。

（4）生态文明的伦理性与文化性。人类和地球上的其他生物种类一样，都是组成自然生态系统的一个要素。所有生命都依靠自然。因而人类要尊重生命和自然界，承认自然界的权利，对生命和自然界给予道德关注，承认对自然负有道德义务。生态文明的文化性是指一切文化活动包括指导我们进行生态环境创造的一切思想、方法、组织、规划等意识和行为都必须符合生态文明建设的要求。

三、生态文明的内在逻辑

（一）人与自然和谐：生态文明的本质

人与自然和谐是生态文明建设的本质之所在，建设生态文明就是促进人与自然和谐。这也是学术界乃至全社会的基本共识。工业文明是人与自然分裂与冲突的不和谐发展，生态文明是人与自然内在统一与和谐共生的发展。无论是广义还是狭义生态文明，都表征着人与自然关系的进步状态，区别仅仅在于，狭义的生态文明将人与自然和谐视为全部内容，广义的生态文明将人与自然和谐看成部分内容。

（二）经济与生态协调：生态文明的核心

进入工业时代以来，经济增长与财富增加一直被视为国家发展的唯一途径，片面追求经济总量的变化而忽视了其质量的提高，造成了全球资源枯竭、生态恶化，危及人类自己的生存。经济增长并非人类发展的全部，生活水平的提高和生活质量的改善不仅包括物质条件的改善，也包括优良的生态环境和人居环境，因此需要将生态文明放在社会发展的突出位置，把生态建设、环境保护上升到生态文明高度才可能建设得更好，而非就事论事、头痛医头脚痛医脚。

（三）可持续发展：生态文明的目的

实施可持续发展战略、走可持续发展道路、实现可持续发展，在满足当代人需求的同时，不危及后代人的生存需求，给子孙后代留下一个合适的生存空间，这是当代人亟须树立的观念，不仅我们可以利用资源，后代人同样有这样的权利，不仅我们可以享受前人留下的宝贵财富，后代人也可以，因此，现代人要注重发展的可持续性，切不可以牺牲子孙后代的资源为代价来满足当代人的发展需要。生态文明意在要求人与自然、社会、人之间能够和谐相处，以长远目光考量人类发展，从而实现社会的永续发展。

（四）和谐社会：生态文明的归宿

建设生态文明是构建和谐社会的重要内容，和谐社会也是生态文明建设的目的所在。和谐社会的重要方面就是人与自然和谐。经验表明，人与自然的关系不和谐，往往会影响人与人的关系、人与社会的关系。如果生态环境受到严重破坏、人们的生产生活环境恶化，如果资源能源供应高度紧张、经济发展与资源能源矛盾尖锐，人与人的和谐、人与社会的和谐是难以实现的。因此，生态和谐是人际和谐、社会和谐，乃至人的身心和谐的重要基础，如果没有良好的生态基础，那么构建和谐社会将无从谈起，建设生态文明是要奠定和谐社会的生态基础。

（五）绿色发展：生态文明的方向

什么是绿色发展？绿色发展就是经济社会发展绿色化，尤其是经济发展绿色化，是要通过发展绿色产业、绿色科技、绿色经济、绿色消费等措施，促使经济（社会）发展与资源环境相协调。这是对传统发展模式的重大创新，是在资源环境承载力约束日益强化背景下，将节约资源与保护环境作为可持续发展基础的一种新型发展模式。2010年，胡锦涛同志在"两院"院士会议上指出："绿色发展，就是要发展环境友好型产业，降低能耗和物耗，保护和修复生态环境，发展循环经济和低碳技术，使经济社会发展与自然相协调。"绿色发展是对生态文明的发展模式的创新，是实现生态文明的有效路径，只有选择绿色发展模式，我们才能提高生态文明水平。

（六）低碳循环：生态文明的途径

在化石能源体系支撑下，人类形成了火电、石化、钢铁、建材、有色金属等工业、并由此衍生出汽车、船舶、航空等行业，这些高能耗工业都可称为高碳工业，即化石能源，这种高碳模式虽然在短期内创造出巨大的物质财富，但是也造成巨大的生态环境灾难，甚至气候异常变化，并深刻地影响着地球自然生态系统内在平衡性，限制人类社会的发展，必须寻找有效途径来实现生态文明。低碳发展便应运而生，在市场机制基础上，通过制度制定及创新，推动提高能效技术、节约能源技术、可再生能源技术和温室气体减排技术的开发和运用，促进整个社会经济朝向高能效、低能耗和低碳排放的模式转型。

人类社会发展必将逐步增加对物质消费的需求，如何在资源有限性与人类需求的无限性之间求得平衡，需要寻找资源节约环境友好之道。循环发展不失为提高资源利用效率、缓解环境压力的可行思路。它通过资源循环利用和能源梯次利用，按照物质平衡和能量守恒的基本原理，借助生物圈的食物链原理，对资源充分利用，吃干榨尽，少摄取、多产出、高效益、低排放，在实现同等价值的同时，最大限度地利用资源和零排放。国外生态学者先后提出的"四倍跃进"（Factor4）、"资源生产率"（Resource Productivity）、"功能经济"（Function Economy）、"少消耗多产出"（Makemore withless）等概念即是这种思想的表达。

第二节　生态文明建设的历史定位

　　生态文明建设的提出是人类文明的创新。迄今为止，人类已经经历了采集狩猎文明、农业文明、工业文明这三种文明形态。采集狩猎文明虽然生活方式比较环保，解决了"汇"的问题，但是随着人口的增长，难以解决"源"的问题。农业文明"汇"的问题也不突出，但是同样难以解决"源"的问题。工业文明是迄今为止最伟大的文明，就物质文明与科技进步而言，是辉煌的。但是工业文明在"源"与"汇"两端都出现问题，而且两端问题是紧密相连的，如果解决不好，人类甚至面临"灭顶之灾"，人类局部的悲剧已经昭示了这一点。许多科幻作品已经为人类勾勒出了前景，其实从科幻到现实，只有"一步之遥"，人类完全有可能毁了自己。那么如何解决工业文明的困境呢？我们不可能也没有必要重新返回到采集狩猎文明与农业文明，也不可能再继续延续粗放型的工业文明，因此开辟一种新的发展模式势在必行，这就是生态文明。生态文明不是对工业文明的否定，而是对工业文明的扬弃与升华。生态文明不是摒弃现有的经济运行体系，而是在现有的经济体系内，注重节约资源与保护生态环境，无限向"全循环"与"零排放"努力。如果实现了"全循环"，那么人类资源问题即"源"的问题就可以得到解决；如果实现了"零排放"，那么人类环境污染问题即"汇"的问题就可以得到解决，这正是生态文明的宗旨所在，唯有如此，人类才能得以可持续发展，文明可以一直延续下去。

　　生态文明的提出也是中国特色社会主义总体布局的一大创新。新中国成立以后，我国政府一直强调三大建设：政治建设、经济建设、文化建设。但是近些年来，我国政府提出了五大建设：政治建设、经济建设、文化建设、生态文明建设、社会建设。生态文明建设与社会建设的添加，是对我国改革开放之后发展之路的反思。改革开放后，我国经济突飞猛进，目前我国已经成为世界"第二大经济体"，"第一大经济体"也指日可待。但是我们的生态环境保护与社会建设并没有同步跟上。从生态环境保护角度看，我国近些年来经济成就很大程度上是以牺牲资源与环境为代价的。从社会建设角度看，我国经济突飞猛进，但是利益分配还缺乏公平性，腐败现象仍比较突出，社会矛盾有所激化，仇富、仇官等心理普遍存在。生态文明建设与社会建设夯实我国社会经济发展的基础，尤其是生态文明建设，夯实了整个社会经济的发展。党的十八大报告着眼发展全局，确定了经济建设、政治建设、文化建设、社会建设、生态文明建设五位一体的中国特色社会主义总体布局，是中国特色社会主义总体布局的一大创新。

第三节　生态文明建设的意义

生态文明建设的提出，在当前有着极为重要的理论意义与实践意义，主要表现在以下几个方面。

一、生态文明建设的理论意义

作为一种崭新的发展理念，生态文明建设的理论意义主要体现在：首先，生态文明建设为社会经济持续发展提供了核心支撑。缺乏生态文明建设，尤其缺乏伦理层面的建设，人类难以与自然和谐。任由市场经济的逻辑远行，人类是难以保护生态环境的。英国学者克莱夫·庞廷在《绿色世界史》一书中已经给出了答案。北美的旅鸽在19世纪多达50亿只，正是由于其肉食价值被纳入市场体系后，在1914年，最后一只旅鸽死在动物园，该物种惨遭灭绝了。类似的悲剧在欧美历史上比比皆是。工业革命以来，人类不是使用自然的"利息"，而是透支自然的"老本"，也充分地说明这一点。因此社会经济的持续发展，离不开生态文明建设，生态文明建设为可持续发展提供了核心支撑。

其次，生态文明建设为社会主义物质文明、政治文明、经济文明建设提供了根本保障。人类任何社会存在都是以自然环境为前提的，处理不好人与自然的关系，任何社会都难以为继，历史上一些古老文明的消失都昭示了这一真理。社会主义社会也不例外。社会主义文明的其他方面，如物质文明、政治文明、精神文明等的存在与发展，都必须建立在人与自然协调的基础上，都不能透支资源与环境，关于这一点，恩格斯早就告诉我们："我们不要过分陶醉于我们对自然界的胜利，对于每一次这样的胜利，自然界都报复了我们。每一次胜利，在第一步都确实取得了我们预期的结果，但是在第二步和第三步，却有了完全不同的、出乎意料的影响，常常把第一个结果又取消了。"因此，生态文明建设为社会主义物质文明、政治文明、经济文明建设提供了根本保障。

最后，生态文明建设为和谐社会理念赋予了新的内容。生态文明建设不仅涉及人与自然的关系，更涉及人与人的关系。人与人之间（更多的情况下表现为群体与群体之间、地区与地区及国家与国家之间）关于自然环境利用、分配以及成本摊派等的博弈构成了生态环境问题的主旋律。因此没有人际和谐，也就没有人与自然之间的和谐。从这一层面出发，生态文明建设与和谐社会建设殊途同归，生态文明大大丰富了和谐社会的内容。

二、生态文明建设的实践意义

作为一种崭新的发展理念，生态文明建设具有重大的实践意义，这与我国目前经济社会发展状况紧密相连。目前，随着我国工业化与城市化的加速推进，我国经济发展取得了举世瞩目的成就，但同时我国社会经济发展也面临着不可承受的资源与环境之痛。我国的可持续发展指数在世界上排名靠后；我国城乡生态环境状况均不容乐观，甚至出现多起"公害事件"。对于我国这样一个"人口大国、资源小国"来说，我们不应当也不可能再沿袭高消耗—高污染的传统经济增长方式，而必须走经济社会可持续发展的道路，既要"金山银山"，又要"碧水青山"。那么如何才能保证我们沿着可持续的轨道发展？生态文明建设的提出给了我们指导与方向。只有建设生态文明，全方位地端正人们对待自然的态度，同时付诸生产方式与生活方式等实践，以全面的环境教育与环境制度设计等作为保障，并且加强社会公平，我们才能把社会经济纳入可持续的轨道上来，这是生态文明建设的实践意义之所在。

（一）生态文明建设的现实背景

建设生态文明具有长期性和复杂性，尤其是对于我们这样的发展中大国来说，我们更是不可能彻底地放弃目前的工业化道路，因此我们有必要深刻认识目前我国的基本国情，紧紧抓住历史机遇，采取有力措施，大力推进生态文明建设。对于建设生态文明，我们不能简单地把它看作是传统意义上的环境保护，而是为了从根本上克服目前工业文明的诸多弊端，超越现在的发展路径，最终实现人与自然的协调发展。建设生态文明需要坚持在实践上稳步推进，在理论上系统把握，在规划上布局长远，尊重客观规律并充分发挥人的主观能动性。

必须认识到我国建设生态文明的紧迫性。我国是世界上最大的发展中国家，经过改革开放后40多年的快速发展，我国取得了举世瞩目的经济建设成果，成为世界第二大经济体。但同时，我国也付出了巨大的生态代价。当前我国面临的资源环境现实压力非常巨大，改变传统的发展道路已经迫在眉睫，迫切需要从不同的制度方面、法律方面、政治改革等不同渠道来加快推进生态文明建设的步伐。

从党的性质来看，中国共产党是中国工人阶级的先锋队，同时是中国人民和中华民族的先锋队，是中国特色社会主义事业的领导核心，代表中国先进生产力的发展要求，代表中国先进文化的前进方向，代表中国最广大人民的根本利益。当前，经过改革开放后40多年的快速经济发展，我国已经步入中等收入国家，已经实现了小康社会的目标，从世界历史经验来看，人民群众会更加注重自己生活品质的提高，这不仅包括物质层面的继续提高，也包括文明和精神层面的。这其中，最为紧迫性的就是直接关系到人民群众利益的环境问题。我们党作为人民群众利益的代表，这就决定了我们党必须响应群众的呼声，满足广大人民群众的现实需求。当前，加快推进生态文明建设的步伐，增进人民福祉以及实现民族的永续发展，不仅追求金山银山，更要为子孙后代留下绿水青山，这是我们党为人民服务宗旨的体现。2022年召开的党的二十大创造性地提出了建设生态文明的发展战略：建设生态文明，是关系人民福祉、关乎民族未来的长远大计。面对资源约束趋紧、环境污染严重、生态系统退化的严峻形势，必须树立尊重自然、顺应自然、保护自然的生态文明理念，把生态文明建设放在突出地位，融入经济建设、政治建设、文化建设、社会建设各方面和全过程，努力建设美丽中国，实现中华民族永续发展。

推进生态文明建设是我们党坚持把握时代脉搏，保障广大人民群众环境权的集中体现，是建设中国特色社会主义的必然要求。当前社会经济的快速发展，人民群众在食品质量的安全性、生态环境优美性方面提出了更高的要求。建设生态文明，不仅是改善民生的需要，也是实现"两个一百年"奋斗目标的重要举措。只有把生态文明建设深刻地融入经济社会发展的各方面和全过程，才能为人民创造良好的生产生活环境。

从国际角度来看，生态问题是一个全球问题，是少数全世界能够取得共识的问题之当前世界各国均面对不同程度的发展和生态问题，也都越来越重视生态文明建设。当今世界，建设绿色文明已成为时代潮流，绿色、循环、低碳发展正成为新的趋向。我们党从经济、政治、文化、社会、科技等领域全方位审视和应对人类社会发展面临的资源、环境方面的严峻挑战，致力于在更高层次上实现人与自然、环境与经济、人与社会的和谐，为增强我国可持续发展能力提供了更科学的理念和方法论指导。当前，国内国际形势正面临着深刻变化，我国进入了改革开放的深水区，在国内存在着改革的巨大压力，在国际面临着发达国家的所谓的绿色关税等贸易壁垒，因此我国作为一个负责任的发展中大国，应当在这个问题上有所作为。不仅要缓解社会矛盾，为改革扫清部分障碍，也要为世界的生态文明进步做贡献。

（二）建设生态文明的首要任务

生态文明是广大人民群众为建设美好生活所取得的一切物质成果、精神成果和制度成果的总和。胡锦涛同志指出，"建设生态文明，实质上就是要建设以资源环境承载力为基础、以自然规律为准则、以可持续发展为目标的资源节约型、环境友好型社会"。这深刻揭示了建设生态文明的内涵和本质。

1. 加快转变经济发展方式，为建设生态文明提供坚实的物质基础

在发展讲究保护、在保护追求发展，是对人类经济社会运行规律的深刻揭示。我国正处于并将长期处于社会主义初级阶段，这是我国的基本国情，因此发展不足和保护不够的问题必将长期并存。离开经济发展抓环境保护是"舍本逐末"，脱离环境保护搞经济发展是"杀鸡取卵"。我国已经到了坚持环境保护与优化经济发展的新阶段，需要切实采取有效措施。

生态文明建设，需要采取新的符合中华民族永续发展要求的经济发展方式，它不仅注重经济总量的持续增长，更注重经济质量的不断提高；不仅注重单项经济指标的增长，更注重社会经济的可持续协调发展。采取这样一种新的经济发展方式，就必须以原有的经济发展方式的"转变"为前提，在经济发展中，正确处理好经济增长速度与质量的关系，处理好当前利益与长远发展的关系，应该说，这种改进与转变是生态文明建设的重要内容，是建设生态文明的自然过程。

生态文明是建立在现今工业文明基础之上的全新人类文明形态，是要从根本上改变传统工业文明只重视掠夺自然满足人类需求等一系列不合理之处，我们可以认为生态文明是对工业文明的"革命性"转变。但这并不意味着我们要彻底摒弃工业文明所强调的经济发展及其所创造的物质财富，生态文明的基础也是经济发展。任何脱离经济发展而去建设生态文明的思路和实践都是错误的，因为必须在生态文明的建设过程中高度重视经济发展，但必须同时注意对目前合理的发展方式以及消费方式的超越和扬弃。增长不等于发展，经济增长不应以损害环境为代价。经过多年的宏观调控和政策刺激，我国经济发展方式已经发生了深刻的变化，但经济发展的结构性问题仍然存在：生产效率落后、产业水平较低、综合竞争力不高的局面仍未发生根本变化，我国仍然处于全球产业链的低端。产品质量问题严重、高端品牌缺乏竞争力、单位能源消耗居高不下、资源能源浪费严重，已经严重制约了转变经济发展方式推进步伐。当前，我们要加快形成有利于节约能源资源和保护生态环境的产业结构，使整个经济发展模式更加科学化、生态化。因此建设生态文明，必须坚持走中国特色新型工业化道路，大力调整优化产业结构，加快发展第三产业，提高其比重和水平；并且优化第二产业内部结构，大力推进信息化与工业化融合，提升高技术产业，限制高耗能、高污染工业的发展，推进经济发展方式的生态转型。

（1）继续深化产业结构的战略性调整。我国是世界上人口最多的国家，农业一直都是立国之本，无农则不稳，因此第一产业的基础地位不能动摇。但在全面建设生态文明的今天，要采取新的措施加快农业发展，侧重发展资源节约型、环境友好型、提供安全健康食品的生态农业，将养殖、种植、水产等传统农业产业类型纳入生态发展的新轨道。

（2）改变过去以高投资、高污染、高能耗为特征的传统工业化道路，努力走出一条附加值高、资源能源消耗低、严重管控环境污染、充分发挥我国优势的新型工业化道路。积极发展符合生态文明要求的新型工业，通过科技创新实现生产力的跨越式发展，通过科技进步改变当前落后的工业生产模式，实现生态化的改造。

（3）将循环经济作为目前转变经济发展方式的主流方法，将发展循环经济作为走新型工业化道路的必经之路。

（4）建立符合人与自然和谐原则的生态消费方式，积极培育和发展生态旅游和生态休闲，完善旅游市场法制和制度体系，要注重旅游业的生态管理和旅游资源的保护工作，切忌重新走"先破坏后保护"的道路。此外，要在社会大力倡导生态消费。这不但包括生态产品的使用，还包括废弃物资的回收利用，能源资源的高效使用等。

2. 持续推进生态文明的相关理论完善，为建设生态文明提供理论支撑

目前，生态文明的相关理论研究方兴未艾，为促进全球的生态文明建设与发展做出了卓越的贡献。但我们不能否认的是当前的理论研究还存在一些问题，相关的理论还不完善。例如，不少人片面地把生态文明建设等同于环境保护；还有的人认为生态文明建设只单单依靠经济发展方式的转变就可以实现目标；还有的人看到当前世界西方资本主义发达国家的表象，就对在社会主义背景下建设生态文明产生了怀疑。这些都是错误和片面的观点，都直接影响了我们实践工作的推进。

生态文明是对可持续发展理论的完善与发展，传统意义上的可持续发展理论过多地强调经济的可持续发展，要在经济发展过程中注重与自然资源的协调性。实践证明，单纯的改变经济发展方式是远远不够的，生态文明的建设是一个系统性的工程。

因此，我们在理论研究中，必须完善生态文明建设的系统性理论，在此基础上完善我们的制度设计和政策制定。

（三）生态文明建设的问题及挑战

改革开放40多年来，我国取得了巨大的经济建设成就，但随之而来的是能源、资源、环境等压力的日益加大。近些年来，随着我国对生态文明建设理论认识的逐渐加深，生态文明的建设步伐加快，取得了一些成就：建立了较完善的法规和政策体系、环境保护工作取得了阶段性成果、经济发展方式转变初见成效，这些都为我们的理论研究工作积累了宝贵的经验。然而，我国生态文明建设工作任重道远。

（1）资源环境压力趋紧，环境恶化的趋势仍未得到根本性遏制。目前我国作为世界工厂，又处于工业化的快速阶段，对资源、能源需求巨大，因此我国面对着经济增长和减少资源能源消耗的双重压力。我国空气污染、水污染、水土流失等严重，并有继续恶化的趋势。当前，我国面对的是一个对绿色生态文明呼声愈加强烈的国际环境，必然对我国的工业化方式和进展提出了更高的要求，另外，西方社会在进行工业化所面对的资源和能源环境跟我们现在是截然不同的。

（2）当前我国经济社会高速发展，处于改革开放的深水区和矛盾的多发区，改革压力和风险较大。生态文明建设是一个系统性工作，要求对全国的机制体制做出大范围的调整，因此发展生态文明的压力也是巨大的。人口多，底子薄，耕地少，人均资源相对不足，经济社会发展不平衡，这是我国的基本国情。这就决定了我国不仅现在，而且今后很长时期都将处于社会主义初级阶段。因此，我国在前进的过程中需要承担较大的经济发展压力，这就与目前我国所面对的资源环境压力形成了矛盾。

长期对自然界的掠夺性开采，已经使我们透支了过多的自然环境发展潜力。从为人类文明发展负责的角度出发，我们不仅要注重当代人的利益，也要在建设生态文明时注重代际均衡发展。

第四节　生态文明发展路径

一、生态文明建设路径的理论依据

党的十八大报告提出，建设生态文明，是关系人民福祉、关乎民族未来的长远大计。面对资源约束趋紧、环境污染严重、生态系统退化的严峻形势，必须树立尊重自然、顺应自然、保护自然的生态文明理念，把生态文明建设放在突出地位，融入经济建设、政治建设、文化建设、社会建设各方面和全过程，努力建设美丽中国，实现中华民族永续发展。这两句话表述了生态文明建设的目标。从整体来看，建设生态文明的目的是建设美丽中国，增进人民福扯、实现中华民族的永续发展。为了实现生态文明建设的目标，要正确理解在建设生态文明的过程中政府、市场与人民群众的关系，从而确定生态文明建设的路径设计。

在人与自然关系的研究中，资源环境基础理论、生态系统服务理论、可持续发展理论和区域发展空间均衡理论为我国生态文明建设路径的选择和方案设计提供了依据和可供参考的前景和预期。

当前，我国的生态文明建设虽然取得了一些成就，但仍然突出了一些具体问题：广大人民群众的生态意识不够、法律配套不够完善、转变经济发展方式压力巨大，部分地区的生态问题突出等，因此党的十八大高瞻远瞩地提出了建设"两型"社会的奋斗目标，并从4个方面做出了具体战略部署：优化国土空间开发格局；全面促进资源节约；加大自然生态系统和环境保护力度；加强生态文明制度建设。

生态文明建设的路径设计从政府、市场以及民众的层面来考虑，要紧紧围绕建设美丽中国、增进人民福祉和民族永续发展的目标，按照资源环境基础理论、生态系统服务理论、可持续发展理论和区域发展空间理论的要求，对生态文明建设进行路径选择。在生态文明建设的路径设计层面，根据生态文明建设相关理论，必须重点把握政府改革和调控、市场参与和跟进、人民响应和行动3个方向。政府改革和调控是生态文明建设的关键所在，市场参与和跟进是生态文明建设的重中之重，人民响应和行动为生态文明建设提供了群众基础。这三条路径相辅相成，综合于生态文明建设的目标。在生态文明建设的策略层，结合我国生态文明建设的现实条件，针对基本路径提出生态文明建设的具体措施，将生态文明建设落到实处。

二、生态文明建设的3个路径层面

生态文明建设是一个系统性的工程，需要政府在顶层制度设计层面的引导，需要市场在转变经济发展方式上的配合，需要广大人民群众在建立生态文明意识上的自觉。因此可以从政府治理层面、市场治理层面和社会治理层面来分析我国生态文明建设的发展路径。

（一）政府治理层面

在讨论政府在建设生态文明的地位和作用时，必须对我国的政治体制以及政府的情况有一个基本的了解，实事求是地设计应对政策。

（1）改革目前的政绩考核体系，建立运行良好的生态环境离任审计制度。"官员出数字，数字出官员"，这是对我国多年来"唯 GDP 论英雄"的最好描述，改革开放以来，我们为了经济发展付出了巨大的资源、环境和生态代价。在当前党中央号召建设生态文明的新时期，必须改革目前的政绩考核体系，用全新的生态 GDP 指标取代传统的 GDP 指标，建立体现生态文明要求的目标体系、考核办法、奖惩机制。用地方官员的"官帽子"引导地方政府的施政方向，使其有更大的意愿和积极性建设生态文明。运行良好的生态环境离任审计制度是可以有效地避免官员的错误决策。

（2）统筹相关职能部门的组织架构。完善的行政职能划分以及有效的执法部门是建设生态文明的重要环节。目前，我国已经建立了比较完善的职能部门管理体系，但各部门之间相互推诿责任，职权不清的情况已经比较突出，这造成了环境污染问题预防不及时、处理不落实、善后不到位的情况非常突出，因为有必要建立高级别的综合协调部门，并本着预防为主的原则改革目前以治理为原则设计的政府架构，修改现行的行政条例，加强防范。

（二）市场治理层面

由于历史原因，我国政府在资源配置中发挥了重要作用，甚至在建设社会主义市场经济的今天，政府在市场运作中还是会同时充当运动员和裁判员的角色，这对利用市场这只看不见的手去建设生态文明有不好的影响，党中央在十八届三中全会中要让市场在资源配置中发挥决定性作用，这吹响了深化市场改革的号角。我们知道，建设生态文明对我们的经济发展方式提出了更高的要求，因此市场作为资源配置中起决定性作用的一方，应该按照建设生态文明的要求深化改革。

（1）大力推进技术创新，尤其是资源保护和节约技术。技术进步是建设生态文明的支撑。企业是技术进步的主体，当前，我国生产技术和环境污染处理技术远远落后于发达国家，这不仅使我国单位 GDP 功耗过高，造成了环境污染源的巨大存量来源，也使我国减少排量、恢复生态环境的工作存在一些技术上的障碍。传统的技术研发和创新单纯的是为了经济价值，是纯粹的经济性的，其目的也是为了传统 GDP 数额增长，在建设生态文明的新时期，我们在进行技术创新时必须秉承新的技术创新原则：生态原则，人本原则。以人与自然和谐发展为出发点，以创造绿色 GDP 为落脚点，以促进生态文明的进步为归宿点，更好地服务于新时期的经济发展。

（2）推进产业升级调整，是建设生态文明的必经之路。转变经济发展方式、进行经济结构调整和产业升级，是巩固经济基础的必要措施。当前我国高污染、高消耗、高浪费的经济发展道路已经被证明是走不通的。近些年来，国家一直在号召进行产业调整，这不仅是适应全球产业链大调整的应对措施，更是建设生态文明的得力举措。企业作为市场的主体单位，在新的经济发展浪潮中，应该因地制宜地制定新的发展策略，把发展中心转移到高附加值、低能耗的新兴产业，走绿色发展、低碳发展、循环发展、科技创新的发展道路。

（三）社会治理层面

发挥多元主体参与生态文明建设的积极性。人民是历史的创造者，建设生态文明也不例外，无论是政府政策的实施，还是企业的产业升级调整，其最终的实施者和受众群体都是广大人民群众。生态文明的建设离不开广大人民群众的参与。

（1）自觉树立生态文明观念。建设生态文明对人们的思想观念提出了新的更高要求，改变人类中心主义伦理观，树立生态伦理观，树立地球是人类赖以生存的唯一家园的理念，树立珍爱和善待自然、保护自然的理念。我们要自觉把新的生态观念落实到自己身上，树立对生态环境承担责任的意识，热爱大自然，珍惜自然资源；积极转变思维方式，即用生态学关于整体、系统、普遍联系、相互协调、循环转化、互补互利、局部与整体、长远与近期、多样性与多元化等观点和方法去认识和解决人与自然的相互关系问题。

（2）转变消费观念，倡导绿色消费方式。人类历史的不同阶段，其消费方式也不同，反映的文明形态也各异。消费与文明之间存在着内在互通的关系。生态文明是一种包含构建崭新的消费模式的文明形态，这种消费文明的基本方向是促使消费方式的生态化。这种消费观念的基本观点有以下几点：在消费的数量上，倡导适度消费，反对过量消费；在消费的方式上，力行文明消费，反对奢靡消费；在消费的内容上，施行绿色消费，反对不当消费。健康的消费表达需要和谐文明的改造，健康的消费方式应确立合理的生态尺度、健康的消费伦理，促使消费方式的生态化。转变消费方式是建设生态文明的重要工作。发达国家的高消费生活方式，是全球环境、能源危机的主要根源之一。非正常的消费不仅浪费大量资源，也在精神层面压抑着人类追求全面自由的本性。面对我国自然资源短缺的严峻现实，为了实现中华民族的永续发展，我国必须由当前的出口导向型经济转向消费导向型经济，树立简约消费观，在降低资源消耗和污染排放增长的情况下，实现生活质量的持续改善，实现生活方式从粗放型向集约型的根本性转变。

　　（3）培育并支持绿色 NGO 在生态文明建设中的地位和作用。绿色 NGO 在环境保护、生态维护中具有典型示范和影响带动作用。他们以绿色环保为价值理念，作为一支重要的社会力量活跃在各个地区，并对政治决策施加影响。

第二章 生态文明体制建设

第一节 生态文明体制机制建设概述

生态文明的体制机制创新，是破解我国目前面临的资源环境困境、实现经济发展方式转变的重要途径。建设生态文明需要通过体制完善和制度创新，着力克服长期制约环境保护发展的制度性障碍，建立与完善有利于促进绿色文明建设的运行和保障机制，走出一条具有中国特色的绿色文明建设的有效途径。必须把制度建设作为推进生态文明建设的重中之重，按照国家治理体系和治理能力现代化的要求，着力破解制约生态文明建设的体制机制障碍，以资源环境生态红线管控、自然资源资产产权和用途管制、自然资源资产负债表、自然资源资产离任审计、生态环境损害赔偿和责任追究、生态补偿等重大制度为突破口，深化生态文明体制改革，尽快出台相关改革方案，建立系统完整的制度体系，把生态文明建设纳入法制化、制度化轨道。

一、生态文明的体制机制障碍

当前我国生态文明的建设取得了一定的成效，但目前我国在建设生态文明方面仍然存在着不少体制机制障碍，还有很多不适合或者不符合生态文明建设原则的问题，使我们在推进生态文明的建设步伐中不可持续性的问题仍然十分突出。

（1）我们目前仍然没有明确的生态资源产权制度，有关生态环境的相关经济政策仍然不够完善。例如，在西方发达国家和国际社会十分通用和普遍的排污权交易、碳排放交易制度在我国还处于刚起步的阶段，相关的法律制度缺失，交易的细节问题尚难确定，目前仍然没有可信度高的信息平台；当前的能源资源的价格杠杆仍然没有放开，妨碍了市场基础性作用的发挥。

（2）缺乏生态问题保障的全局性法规。目前我国涉及生态安全的相关法律法规存在着十分严重的"九龙治水"问题，各种法规基本上都是从自己的狭义范围来规范各种行为，忽视了生态安全问题的综合性和系统性。

（3）目前的相关法律法规和行政条例存在着理论性强、实践性弱、没有长远规划的问题。例如，很多地方相关条例是出于地方领导人各种施政理念，没有有效地针对市场环境和生态环境存在的问题做细致调查，甚至出现朝令夕改的情况。

二、生态文明的体制机制创新

（1）建立有利于推进绿色文明建设的法律法规体系，把绿色文明建设纳入法制化轨道，为绿色文明建设提供有力保障。坚持依法行政，克服并纠正环境执法中的地方和部门保护主义，遏制行政干预执法的现象，打击权法交易、权钱交易行为。建立综合决策机制，促进环境与经济的协调发展。改革生态环境监督管理体制，提高环境管理的现代化水平。树立正确的政绩观，建立体现科学发展观要求的经济社会发展综合评价体系和干部考核体系。建立健全环境问责制度，使生态环境保护成为硬政绩；试行以"绿色GDP"为主要内容的新的评价体系，把资源、环境、民生等纳入考核内容，将原来主要关心经济增长速度，变为全面关心经济、资源、环境、民生的协调发展。

（2）推行生产者责任延伸制度。此概念首先是由瑞典的环境经济学家托马斯·林赫斯特（Thomas Lindhqvist）在1990年提出的。托马斯在1992年给瑞典环境与自然资源部提交的一份报告中，把生产者责任延伸制度作为一项环境保护策略，其定义可以理解为：特定产品的制造商或者进口商要在产品生命周期内的各个阶段（包括生产过程和产品生命结束阶段），特别是产品的回收、利用和最后处置阶段，承担环境保护责任，促使产品生命周期内所产生的环境影响的改善。就是要求生产者即使在其生产的产品被人使用、被人废弃以后，仍负有一定的对其产品进行适当的资源循环利用与处置的责任。具体来说，要改进产品设计，标示产品的材质或成分：就一定的产品来说，当其被废弃以后，由生产者进行回收和循环利用等。这一生产者责任环节的延长，使得生产者必须在发生源抑制废弃物的产生，有动力设计对环境负荷压力比较小的产品，其结果是在生产阶段就促进了循环利用，增大了资源的利用效率。与传统的责任划分类型相比较，生产者责任延伸制度的突出特征为：①产品在回收时所发生的管理和费用的责任部分或全部地向产品生产者转移；②使企业在设计产品的时候具有考虑产品生产或废弃后对环境影响的动机。

（3）持续推进资源环境管理体制改革。针对目前存在的"九龙治水"怪现状，有必要设计高层面的生态文明建设小组，协调中央直属各部委的工作，制定具有全局性、综合性、可持续性的资源环境管理条例和法律法规。针对目前中央和地方权责不匹配的情况以及地方存在的跨流域污染问题，推行跨流域综合治理制度，如设立巡回法庭，用中央的权威推进地域性的生态文明建设。

第二节　生态教育体制建设

一、学校生态教育体制建设

学校生态教育是指学校通过对生态知识和生态文化的传播，努力提高学生的生态意识和生态素养，从而达到生态文明塑造的教育。学生生态意识和生态观念的提高是中华民族整体生态素养提高的关键所在。作为培养高素质人才场所的学校，在开展生态教育中具有不可推卸的重要责任，同时也具有发展生态教育的独特优势。学校的校园文化环境、学术氛围、学校价值观对于学生价值观的发展与塑造有着巨大的影响。学校通过良好的教育环境和系统的教育措施，可以对学生的生态行为和习惯实施有计划的培养，更有利于学生生态意识和生态价值观的形成。国民生态教育包括正规生态教育和非正规生态教育，从幼儿阶段到成人阶段，需要教育者和受教育者的共同持续参与。教育所要造就的，首先是心智健全、有道德、有情感，能够自立于社会的人，先得成人，然后成才，这才是生态的自然的成才观。我们需要尊重生命、尊重自然进而遵从孩子内心的发展轨迹，顺从"人之初，性本善"的发展规律。

（一）义务教育阶段的生态教育体制

教育部 2018 年的工作要点是健全中小学教育装备配备标准和质量标准体系。要开展生态文明教育，推进绿色校园建设。"工欲善其事，必先利其器。"良好的学校环境对学生的生态环境感知和认知有积极作用。充满绿色生机的校园，新鲜浓厚的校园文化氛围，绿色温馨的教室办公环境，都有利于生态教育的实施。要从美化校园环境开始，把生态概念体现在学生们日常学习生活的地方。义务教育阶段的生态教育一般不应该把教育场所局限在课堂，"从自然中来，到自然中去"才能真正深刻体会自然界的奥秘与神奇，才会激发学生保护自然的斗志和责任感。

生态教育要突出教育方式的新颖性和自由度，要求学校在进行生态教育时体现出教育的灵活性和创新性，锻炼学生在学习过程中的探索和求知精神。生态教育是环境教育和可持续教育的延续和变革，能发挥教育更多的可能性和主动性，通过小组学习、活动方案设计、课外活动等自主学习形式发现和思考遇到的生态问题，教师适当点拨和引导，主要锻炼学生的主动学习和思考能力，有助于学生日常生态习惯的养成。课程实施过程中要加强学生与老师、学生与家长、学生与学生之间的互动、互助，以班会和论坛的形式，促进学习、教育过程中的交流。教师间可以相互借鉴有效的生态教育方式，从而提升生态教育效果。

1. 回归自然

生态教育注重"以人为本"的思想，以学生的学习兴趣和学生的未来发展为义务教育阶段生态教育的关注点。生态教育注重解放学生天性，增加学生与自然的亲近机会，提供轻松的学习环境，从而有利于学生提高学习效率，促进学生对知识的吸收。在义务教育阶段，主要注重培养学生的良好学习习惯和学习方法，因此在生态教育过程中，教师应该注重突破传统的教学模式，注重在生态教育课堂探索创新型的教育方法，以回归自然的生态体会作为生态教育课堂中的主要内容。

2. 对生命的思考

义务教育阶段的生态教育在体会人与自然和谐的过程中，应该鼓励学生思考生命的意义。在这段时间中，学生不仅要为今后的学习与发展打下基础，还应当体现自己的生命价值，学生不只是为了未来而生存，关注学生当前的生命状态同样重要。生态教育课堂应该关注每一个学生的生命状态，接受教育不只是为了升学和谋生，更是为了人格的完整，为了个人的终身学习以及社会的和谐发展。因此，要关注每一个学生的全面发展，提升每一个学生的精神品质。义务教育阶段对学生素质培养至关重要，是学生生态认知和生态观念打基础的阶段，要让学生充分体会到生命的伟大和重要性，在尊重人类生命的同时，尊重大自然的生命。

3. 对可持续发展的认知

生态教育要求学生以可持续发展的眼光和角度去看待人类与自然的共处关系。可持续发展的思想也不应该只落实在经济发展上，生态教育中也应该有对可持续发展内容的介绍。义务教育阶段之初学生初入课堂，有着对知识的渴望与好奇，而生态教育作为今后学校必须引入的教育类型，更应该在初级阶段为学生做好铺垫。可持续发展作为生态教育的主要观念之一，必须引导学生掌握和接受。

（二）普通高中阶段的生态教育体制

这一阶段，生态意识塑造的认知目标是使学生认识到生态环境对于人类的重要性，认识当今环境现状以及亟须解决的环境问题，培养其初步的分析和评价能力，让高中生的行为符合生态文明建设的要求；生态意识塑造的情感目标是培养高中生热爱保护环境、勇于承担保护和改善环境的责任和义务的态度；生态意识塑造的行为目标是促使学生从自己做起，从身边小事做起。要积极开展多种形式的以高中生生活为主题的行为习惯养成教育活动，杜绝不良生活习惯和生活方式。校内还可以开设生态知识校园讲堂、生态文明建设先进事迹宣传栏、生态文明先锋宣讲会、绘画书法展览、工艺制作、短剧等活动，培养高中生环保意识的同时，增强其生态道德感和责任感。

普通高中阶段的学生是未来生态文明建设的人才储备和中坚力量，这一阶段的生态教育也关系着学生生态素养的形成和生态认知水平的提升。高中阶段学生已经具有明辨是非的能力，在义务教育阶段受到的基础性的生态教育已经为高中生形成生态素养铺垫。在前期的影响下，大部分高中生按照生态发展轨迹都应该具有生态价值观和生态意识，高中阶段是巩固、纠错和补漏的阶段。生态教育更应注重课堂实践和思考的重要性，以学生作为课堂主导和讲述者，教师作为聆听者，在学生表达对生态的认知和分享事例时，教师可以及时纠正一些错误的认识和行为，这样更能加深学生对正确认识和行为的记忆。为了避免这类错误的重复发生，教师也应该定期组织学生交流和汇报近期的学习体会，提升学生对生态教育的学习热情和重视程度。和其他课程设置一样，生态教育课程也应该有规定，除了提供必备的生态教育教材，还应该提供专门的教师进行课程辅导。学校可以经常邀请一些生态教育从业者举办讲座，开拓学生未来就业的眼界。现阶段，生态教育作为新兴的教育形式被大多数学生所了解和接受，但是他们在对于未来职业的设想上并没有足够的认知，高中阶段还应该就生态教育的现状和未来发展对学生进行相关内容的普及，这关系到生态教育人才的培养和知识的传承以及高中生的大学专业选择。

（三）大学及研究生教育阶段的生态教育体制

从 20 世纪 70 年代我国第一批环境保护相关专业的设立到 20 世纪 90 年代，我国逐步建立起了适合中国国情的环境科学和环境工程教育体系、国家环境保护宣传教育网络。2000 年以来，环境专业教育专业人才的培养进一步发展。同时，中小学生态教育、中等职业教育、大学的非环境专业教育也得到进一步的发展，高校非环境专业的生态教育，帮助培养了具有环境意识的新型人才，高校应把对大学生的生态文化教育放在生态文化建设的首要位置，兼以大学生的自我教育为根本，以社会的影响教育为辅助，来增强大学生的生态文化知识，提高大学生的生态文化意识，明确大学生的生态价值观念，增进大学生的生态文化自觉。

高校十分注重大学生生态文化教育，其目的是通过丰富多彩的生态文化理论和实践知识，提高大学生对生态文化的认同感，使大学生意识到生态文化的重要性，并促使大学生树立正确的生态观和文化观。同时，生态文化教育还有利于激发大学生学习生态文化的兴趣，有利于大学生积极参与生态文化实践活动，从而将生态文化理论融入到具体的实践活动中。高校生态文化是人与自然、人与社会、人与人之间和谐共存、协调发展的新文化形态。以大学生为主要受众的高校生态文明教育，强调自然、社会和人类三者的协调发展，主要以培养生态情感、强化生态意识和完善生态生活方式为己任，最终树立大学生生态价值观，使其成为具备生态文化素养的人才。

大学生生态教育应包括以下几个方面：生态文化基础知识、生态道德观、绿色生态思想。高校在内涵建设过程中，肩负着培养大学生生态观和输送生态人才的重任。但是有学者提出目前我国大学生生态教育存在三点主要问题：其一，个别大学对生态教育的关注尚需加强，教育途径需进一步提高针对性；其二，部分大学生对生态教育的配合积极性有待提高；其三，个别大学中生态教育资源需要进一步丰富。学校生态教育至关重要，关乎生态人才培养。学校生态教育在实施和发展的道路上仍需不断完善。

具体而言，第一，学校在开展专业课程的基础上，提高对生态文化的意识，并通过生态文化教育提高大学生的生态文化素养；第二，学校应该在注重教师专业发展的基础上，提高教师的生态意识，注重生态教育的师资力量建设；第三，学校不仅要在相关课程中增设生态教育相关内容，而且要开设生态教育课程。大学生生态教育应该更加注重对与我国经济社会发展相关联的知识储备和技能掌握，使大学生掌握科学的、全面的生态知识，牢固树立保护生态环境、实现经济社会可持续绿色发展的生态意识和生态价值观。

对大学生生态文明观的培养现阶段需要分为两类，一类针对有生态知识和受过生态教育的大学生，另一类是有生态知识但暂时没有接触生态教育的大学生。针对大学生的差异化生态教育，应该把重点放在培养大学生生态知识自学能力和养成生态意识两方面。生态教育进大学校园的前提是把生态素养教育纳入高等教育范围内，使大学生能用动态发展的眼光看待人与自然的关系，用生态的思维思考维持生态平衡的重要性。在对大学生进行基础生态理论知识教育的同时，配合大学生自我生态知识学习和检索，例如，开设网络教学课堂，借助网络收集相关文献和知识，把生态教育作为课外学习的一部分，使学生在了解和掌握的生态知识基础上，对自己感兴趣的生态话题或者课题进行深入研究，让学生把学习兴趣和学习热情相结合运用到生态文明知识的吸收和生态素养的形成。同时课外学习要和课堂教学相互融合，从师资、创新自主教育、教育模式多样化和知识获取灵活性提升等多方面建立健全高校的生态教育机制，完善生态教育制度，构建生态教育模式，真正将生态教育落到实处。

生态教育在高校不仅体现在课堂上和网络上，也应加入实践中。要鼓励学生多参加环境保护、资源节约和绿色消费等方面的志愿者活动，把所学到的知识运用到实际生活中，并把知识和绿色生活技巧普及给更多的公民，引起社会的关注并得到认同。在活动中，要发现生态问题、披露生态陋习，从而吸引更多的人关注和认知生态恶化带给我们的严重后果。在培养大学生生态忧患意识的同时，带动社会公众树立生态责任感，规范和反省自身生态意识和行为的不足，最终形成人与自然和谐相处的绿色生态价值观。

二、社会生态教育体制建设

社会生态教育是学校生态教育的延续和巩固。众所周知，我国的生态教育相比于西方发达国家而言，兴起比较晚。虽然我国一直提倡和发展生态教育，但当前的生态教育规模仍需要继续发展和扩大。

随着信息技术和网络技术的发展，公众获取环境保护知识的途径日益多样化，例如，互联网、多媒体、网络平台、各种教育结构等。其中，互联网是信息技术迅速发展的产物，它是传播环境知识、环保知识、生态知识的一种新途径，内容丰富多样、传播速度迅速是有利于社会生态教育传播的优势，但是网络内容不易监管，良莠不齐，容易对公民生态知识的获取和学习带来误导和不良影响。社会生态教育和学校生态教育享有同等重要的地位，学校生态教育对学生生态素养的启蒙要辅以社会生态教育进行巩固。

（一）各类文化场馆的生态教育体制

文化场馆多种多样，因此相应的生态教育形式丰富多彩。博物馆是以教育、研究、欣赏的目的征集、保护、研究、传播并展出人类及人类环境的物质及非物质文化遗产的一个为社会和其发展服务、向公众开放并且非营利的机构。博物馆是公民自主学习的免费"学校"，也是公民受教育的主要"课堂"之一。相比学校，博物馆具有得天独厚的教学优势，它们以馆藏文物和实物为知识文化传播载体，更加具体生动形象地展示其背后蕴藏的文化底蕴，具有极强的参与性和趣味性。博物馆教育内容和形式多种多样，拥有丰富的公众教育经验，其教育方式以启发、引导和寓教于乐为主。首先，博物馆是青少年接受生态教育的主要课堂之一，通过实物标本、模型、场景模拟，能使青少年身临其境地感知和了解生态背景及知识，同时可以培养学生创造性思维能力，从而提高生态文明素养。其次，博物馆对于在职从业人员来说是生态知识的更新补给站，同时也是生态素养巩固和持续培养的良好场所。博物馆涵盖丰富的、多元化的学科知识，阐述自然规律探索自然秘境的同时关注人类命运，注重人与自然和谐共生。博物馆对于老年人也有生态教育的重要意义。博物馆可以丰富他们闲暇时间的生活，让他们可以"活到老，学到老"，紧跟时代发展的需要和潮流。在当今很多父母帮助子女照看下一代，因此老年人的生态觉悟和素养也关系到下一代生态价值观的养成。

图书馆是知识传播的平台，是内容丰富和包罗万象的"知识的海洋"，图书馆里的生态教育接受人群更多，其知识的蕴藏量大，更容易吸引具有不同要求的受教育者。图书馆担负着搜集、管理和收藏的主要任务，可以从其中找到生态思想的起源与发展轨迹，图书馆是很好的博古通今的文化场馆。不仅图书馆的文献资料是生态教育的重要支持，其营造的阅读氛围以及定期举办的阅读分享会更为生态教育提供了更广阔的途径，使更多的阅读者可以通过分享的形式获得更多的知识和经验。图书馆还可以建立废旧书籍回收机制，提高读者之间的书籍流通性和增加书籍的利用价值，这也是生态的一方面体现。图书馆中的读者大多数都是对知识充满渴望和热爱的，因此，在图书馆中设立生态教育试点是最合适的。生态教育的发展首先要拓宽其在社会中的影响，让更多的人群感受生态教育与学习生活密不可分，这样才能更快地提升人民对生态教育的重视和认同。

（二）生态旅游的生态教育体制

生态旅游是一种创新型的旅游模式，在原有的旅游模式的基础上，提倡"人景合一"与和谐相处。游客在感叹大自然鬼斧神工的同时，也要意识到眼前美景来之不易。生态旅游是一种可持续的旅游模式，并不是"竭泽而渔"。生态旅游为人类提供一种新的人与自然相处的模式，没有污染、没有破坏更不会毁灭，它是建立在保护自然的基础上，教育人类珍惜自然美景和自然资源。"天人合一"的思想一直影响人类与自然的相处，其中不仅包含古人对自然和人类关系的态度，也在提醒当今民众要时刻反思和修正人与自然的关系，我们在感叹古人对自然的敬畏和热爱时，也应该保留并继承发扬这种思想。生态旅游在经济、政治、文化和社会的建设中都有所体现。生态旅游的提出为旅游业的经济发展带来了创新点和新的活力，可以把生态特色作为旅游的新亮点，而且生态旅游不再受传统旅游业的限制。生态旅游集娱乐性、教育性和保护性于一体，能多元化地发挥生态旅游优势，在经济、政治、文化和社会领域都可以融入生态观念。在提倡生态文明建设的大背景下，生态旅游一方面突出了森林公园、自然保护区和非物质文化遗产保护区在生态教育方面的资源优越性，另一方面，彰显了生态文化和绿色低碳式的新型旅游方式对生态环境保护的重要意义。旅游的重要目的之一就是放松心情，而美景给人以美的享受，国家早已注重生态旅游景点的开发和保护，编制了《国家生态旅游示范区管理规程》和《全国生态旅游发展规划（2016—2025 年）》。生态旅游的教育意义和环境保护意义都要大于它的经济价值。

（三）社区的生态教育体制

社区生态文明教育是一种针对特定群体的小范围生态文明教育活动，主要以普及生态知识、了解生态环境现状、学习生态保护法律法规和宣传生态生活技能为主要任务。它的特点是教育范围有限但是针对性较强，不同范围内的居民更容易学习生态知识，更容易了解自己的学习情况，更容易形成独特的生态文明特色。下面对社区生态文明教育进行系统论述。

其一，社区生态文明教育强调生态知识、生态文明的重要性，指出人与自然、人与社会、自然与社会之间都不是对立的关系，而是平等、和谐发展的关系。因此，社区生态文明教育有利于人文关怀的实现，有利于促进人与自然、社会形成和谐的关系。

其二，社区生态文明教育，有利于促进社区生态文明建设，有利于社区的经济发展，有利于在满足社区居民物质生活的基础上提高精神生活，有利于提高社区居民的生态意识，有利于实现社区生态文明教育的目标。

在社区建设和发展中，社区居民起着不可替代的作用。他们扮演着诸多角色，例如，社区居民不仅是居住者、建设者、组织者，还是教育者、受教育者、自我管理者等。只有使社区居民树立正确的生态文明观念，才能促进社区建设，也才能促进社会的整体建设和发展。

然而，现在有一些社区存在着严重的生态不文明现象，比较常见的有乱扔垃圾、随地吐痰、使用不可降解塑料袋、不配合社区生态教育工作等，而社区生态教育一方面能增强居民生态价值观，另一方面对处理邻里之间的关系也有重要意义。

学校教育是进行生态文明教育的重要途径。但并不是唯一途径。仅依靠学校教育来传播生态文明知识，是远远不够的。对于那些不上学的人而言，通过学校教育来传播生态文明教育思想是不可行的。因此，生态文明教育的传播亟待开辟新的途径。社区生态文明教育是学校教育的延伸和拓展，它为生态文明教育提供了另一个途径。

随着互联网的迅速发展，各种知识的更新换代很快。生态文明知识是知识的重要组成部分，它的更新换代速度也比较快。因此，社区教育要想获得新知识，向社区居民传递新知识，就应该更新教育理念、紧跟时代发展和生态知识更新的步伐。只有这样，才能将具有时代性、创新性的生态文明知识传递给社区居民，使他们能够培养意识、发展行为，适应当今时代的发展。

社区教育在与时俱进的同时还可以根据社区实际情况以及居民学习情况适当扩大教育的范围，提高生态文明教育的覆盖率。这样有利于更多的人学习生态文明知识，提高生态文明意识。基于此，社会上学习生态文明知识的人越来越多，使生态文明成为社会的主流意识和思想，这样有利于实现学习生态文明知识的良性互动。

社区是居民参与生态教育的平台，它在社会生态教育中起着至关重要的作用。社区生态教育可以设置形式多样的参与方式，从而调动社区居民参与的积极性。比较常见的方式有居民监督、居民管理等，这些方式都有利于居民积极参与，感受生态文明学习的魅力，提高学习生态文明知识的兴趣。

居民在一开始参与活动时，大多数都是受邀参加，且活动内容比较单一和固定，是一种被动参与的方式。随着参与效果的显现，居民对参与方式、规则有了大致了解，居民就会积极主动地参与其中。由此可见，居民参与社区活动是一个由被动到主动、由他人组织内容到居民自主组织的过程。这种鼓励居民积极参与活动的教育方式是学习生态文明知识最为直接的方式，居民可以亲身感受、亲身体验，有利于社区生态教育目标的实现。

需要指出的是，社区教育开展的关键是教育人才。如果没有教育人才，社区教育乃至社区生态文明教育都无法实现教育目标，也无法提高社区居民的生态意识和生态素质。基于此，社区生态文明教育要重视社区学校师资力量的建设。实际上，由于社区自身的属性，社区教育中的教育人才是极度缺乏的。因此，如何解决社区教育中教育人才的短期问题，如何在社区这一特定范围内更好地开展生态教育和生态文明教育，是当前社区教育亟待解决的问题。针对这些问题，最主要的是转变教育思想，改变传统教育方式，拓展思路，注重协作，整合生态教育资源，统筹兼顾，高效利用优势，建立团结协作式的社区生态教育培训组织。具体而言，可以从以下方面入手：

一是通过各种方法深入了解居民的兴趣、特长、爱好，鼓励居民作为师资力量积极参与社区生态教育，全面建设社区生态教育师资力量，从而促进社区生态教育的发展。

二是注重社区与社区之间生态人才的交流与合作，满足不同居民对生态知识的需求，促进相互学习和借鉴优秀的社区生态教育经验。

三是要发挥社区居委会学习生态知识的带头作用，优化社区资源，管理并协助落实社区生态教育，把学到的知识真正运用到建设生态文明社区中。

第三节　生态安全体制建设

一、生物安全体制建设

早在 1976 年，美国国立卫生研究院针对含有重组 DNA 的病原微生物的实验室安全管理提出生物安全的概念，并出台一系列具体措施，1992 年，联合国环境规划署在《生物多样性公约》中首次正式提及生物安全问题，并将其内容扩展到快速发展的生物技术领域。2000 年，在加拿大蒙特利尔召开《生物多样性公约》缔约国大会，通过《卡塔赫纳生物安全议定书》，将生物安全定义为"采取预先防范办法，协助确保在安全转移、处理和使用凭借现代生物技术获得的、可能对生物多样性保护和可持续使用产生不利影响的改性活生物体领域内采取充分的保护措施，同时顾及对人类健康所构成的风险"。之后，联合国粮农组织（FAO）、世界卫生组织（WHO）、经济合作与发展组织（OECD）等也从各自组织所处领域涉及的生物安全问题出发提出了生物安全的定义。例如，FAO 将生物安全定义为"控制食品安全、动植物健康及环境领域风险的战略和政策法规体系。它包括动植物病虫害和寄生虫病的引入风险管理、转基因生物及其产品的引进和释放、生物入侵种及基因型的风险管理。生物安全是与农业可持续发展、食品安全和环境保护（包括生物多样性）直接相关的一个综合性概念"，WHO 将其定义为"非故意暴露于病原物和有毒物质或病原物和有毒物质非故意释放的预防政策、技术和措施"。针对生物安全的各种定义尽管侧重点不同，但是定义的核心内容都是如何预防生物危害以及通过有效的管理和控制使生物处于安全状态。2000 年，中国发布《全国生态环境保护纲要》，提出国家生态安全是指一个国家生存和发展所需的生态环境处于不受或少受破坏与威胁的状态，生态破坏将使人们丧失适于生存的空间，并由此产生大量生态难民。这是我国首次将生态安全作为环境保护的目标纳入国家安全的范畴。

（一）生物安全原则

1992 年《生物多样性公约》提出，针对生物安全，缔约方应考虑是否需要一项议定书，规定适当程序，特别包括事先知情协议，适用于可能对生物多样性的保护和持续使用产生不利影响的由生物技术改变的任何活生物体的安全转让、处理和使用。生物安全原则包括积极参与国际生物安全保护条约、制定国内生物安全保护规范以及规定，落实生物安全执法等几个方面。

1.生物安全国际法基本原则

中国十分重视生物安全法律制度建设，在生物管理方面也十分注重生物的安全管理。同时，中国将生物安全国际法的基本原则融入生物安全制度建设和安全管理中，并积极参与国际生物安全保护条约，从而为生物安全提供了国际法律规范和原则。下面对生物安全国际法的基本原则进行论述。

（1）风险防范原则

风险防范原则是生物安全国际法原则的重要组成部分，是生物安全国际法必须遵循的首要原则，它主要强调的是，如果一种生物技术的应用会造成环境破坏，那么相关人员就可以采取风险防范措施，从而避免环境因这种生物技术的应用而遭到破坏的现象。同时，需要指出的是，风险防范原则还强调，即使目前的科学技术和科学研究无法证明这种生物技术的应用是否真正会对环境造成一定的迫害，相关人员也要做好防范工作。它主要包括以下方面的内容：

第一，生物科技是生物科学研究的产物，它在使用过程中对生物和环境是否会产生损害或破坏，现在还没有科学依据证明，还存在着一定的争议。

第二，如果生物科技在使用过程中会对环境造成一定的破坏，那么后果不堪设想。同时这种后果很难采取措施进行控制，更难以修复。

第三，不能因为没有科学证明这种生物科技是否会造成危害，而不采取科学合理的风险防范策略，这不利于风险的预防和规避。

（2）多方合作原则

多方合作原则也是生物安全国际法应该遵循的重要原则。这一原则主要强调国际生物安全防治参与者能够相互合作，共同为国际生物安全防治做出贡献。

众所周知，目前的生物安全问题已经不仅是一个国家或地区的问题，而上升到全球性安全问题，世界上的每个国家或地区都不能对生物安全问题视而不见。只有世界各国之间相互合作，相互交流安全防治经验和措施，才能使这一全球性问题——生物安全问题得到有效解决。

（3）无害利用原则

无害利用原则也是生物安全国际法不可忽视的原则。无害利用强调的是在利用过程中不会对其他生物、周围环境、人类健康、社会持续发展等造成危害。这也是保护生物和环境的重要途径之一。

2. 中国生物安全司法保护原则

（1）权利保护原则

生物安全法律权利是生物安全法律规范的重要组成部分，它强调主体获得生物利益的一种关系。在这一过程中，主体可以采用作为或不作为的方式来获得。如果主体享有生物安全法律权利，那么主体就可以获得生物利益，也可以享用生物技术。生物安全法律权利主要涉及以下方面的内容：

第一，强调权利主体的独有特点——层次性和等级性。同时，权利涉及的范围也十分广泛，例如个人、集体、国家等的权利，都属于这种权利的范围。

第二，权利主要以生物安全为核心，并不断与诸多领域相互交叉和融合，例如生态环境领域、生物科技领域等都与权利有机结合。正是因为如此，人与自然形成了和谐的关系。

（2）损害赔偿原则

损害赔偿原则强调的是对被损害方要进行一定的赔偿。具体而言，它主要是指一旦生物风险预防不当，确实对现实造成损害后，相关主体要结合生物安全法进行赔偿。从法律层面而言，这种损害主要涉及以下几个方面：

第一，人体伤害。人体伤害，顾名思义就是生物风险一旦预防不当就会对人体造成一定的伤害。

第二，经济损害。经济损害强调的是生物风险一旦预防不当就会制约生态和经济发展，对经济造成一定的损害。

（3）禁止权利滥用原则

禁止权利滥用主要强调的是权利的使用必须在其正当的范围内，否则就是对权利的滥用。权利人在行使权利的过程中都是自愿的且不能超越权利的界限和范围。另外，权利的行使不能对他人、社会造成伤害，要时刻以权利的宗旨为最高使用原则。

具体到生物安全权利而言，禁止权利滥用原则主要指享有生物安全权利的人在享受生物安全权利的同时又不能超越生物安全权利的界限和范围，更不能侵犯他人的生物安全权利。因此，禁止权利滥用原则也是生物安全原则的重要组成部分，更是权利人行使权利的基本法则。

（4）信息披露原则

信息披露原则主要强调的是相关人员以法律规定为依据，将生物安全内容真实地、准确地呈现给公众，其目的主要是及时监管生物安全。在信息披露过程中，相关人员必须保证信息披露的真实性、准确性、完整性和及时性。只有这样，才能使社会公众及时、全面、准确地了解真实的生物安全信息，从而达到对生物安全信息进行有效监管的目的。

（二）粮食安全体制建设

联合国粮农组织在《世界粮食安全罗马宣言》中提出，粮食安全必须使每一个人在任何条件和任何时间获得足够的粮食。2001 年波恩粮食大会提出可持续粮食安全理念，强调粮食安全需满足当代以及后代在身体健康、精力旺盛状态下可持续地从事生产生活活动需求。

粮食安全始终是关系我国国民经济发展、社会稳定和国家自立的全局性重大战略问题。1996 年，国务院发布的《中国的粮食问题》白皮书提出，中国政府在当时应对粮食安全问题的任务是在进一步增加粮食总量的同时，努力发展食物多样化生产，调整食物结构，继续提高人民的生活质量，向小康和比较富裕的目标迈进。《国家粮食安全中长期规划纲要（2008—2020 年）》指出，保障我国粮食安全，对实现全面建设小康社会的目标、构建社会主义和谐社会和推进社会主义新农村建设具有十分重要的意义。

当前我国粮食安全形势总体是好的，粮食综合生产能力稳步提高，食物供给日益丰富，供需基本平衡。但我国人口众多，对粮食的需求量大，粮食安全的基础比较脆弱。从今后发展趋势看，随着工业化、城镇化的发展以及人口增加和人民生活水平提高，粮食消费需求将呈刚性增长，而耕地减少、水资源短缺、气候变化等对粮食生产的约束日益突出。我国粮食的供需将长期处于紧平衡状态，粮食安全保障面临严峻挑战。保障我国粮食安全，可以从以下方面入手：构建并完善粮食流通体系；借助科学技术来提高粮食的综合产量；通过宏观调控使粮食在供求总量上实现相对平衡；相关部门要加大投入力度；结合我国国情及经济体制，构建并完善粮食安全保障体系，从多层面保障我国粮食安全：第一，要提高粮食的生产能力。第二，要利用非粮食物资源。第三，要加强国际粮油合作。第四，要完善粮食流通体系。第五，要完善粮食储备体系。第六，要完善粮食加工体系。同时，要通过强化粮食安全责任，严格保护生产资源，加强农业科技支撑，加大支持投入力度，健全粮食宏观调控，引导科学节约用粮，推进粮食法制建设，制定落实专项规划，建立健全中央和地方粮食安全分级责任制，将保护耕地和基本农田、稳定粮食播种面积、充实地方储备和落实粮食风险基金地方配套资金等任务落实到各责任主体，建立有效的粮食安全监督检查和绩效考核机制，不断完善政策，进一步调动各地区、各部门和广大农民发展粮食生产的积极性，为粮食安全提供政策和措施保障。

（三）生物多样性保护体制建设

生物多样性是指陆地、海洋和其他水生生态系统及其构成的生态综合体的所有生物体中的多样性和变异性，包括基因多样性、物种多样性和生态系统多样性。面对全球生物多样性持续丧失、遭受严重威胁的形势，国际组织或机构出台了《国际捕鲸管制公约》（1946 年）、《生物多样性公约》（1992 年）等，以推进生物多样性保护。

中国自 1980 年加入了 1975 年生效的《濒危野生动植物种国际贸易公约》开始，逐渐加入多个国际公约，参加缔约国大会和其他一些重要活动，履行公约责任，同时制定了一系列促进生物多样性保护的法律法规。如 2001 年出台《农业转基因生物安全管理条例》等。

要进一步加强生物多样性保护体制建设。首先，应在立法的指导思想、目的、原则等方面学习和借鉴国外的先进经验；其次，应构建适合我国国情的生物多样性保护法律体系，包括根本大法《中华人民共和国宪法》（以下简称《宪法》）与基本法律《中华人民共和国环境保护法》的修改，综合性法律"生物多样性保护法"的制定及单项法律法规如《中华人民共和国野生动物保护法》的修订、自然保护区法、生物安全法的制定等；再次，应完善我国现行的生物多样性执法体制，如完善管理体制与执法程序、强化执法力度与宣传；最后，要加强国际公约的履行与合作，尤其是将有关的国际公约或协议国内化，以保证我国切实履行生物多样性保护领域国际公约所设定的义务。

二、生态安全体制建设改革趋势

生态安全为中国人民提供了生存发展的基本条件，维护生物安全、保护粮食安全和生物多样性，是维护人类基本生存需求的保障，保护生态系统安全和环境安全是维护人类生命支撑系统的保障，也是中国经济发展的基本资源和环境需求保障；生态安全是中国社会稳定的坚固基石，评估生态系统安全状况、开展生态安全预警并及时应对，是妥善处理人民群众身边的生态环境问题、保障社会安定的重要工作之一。生态安全是全球治理的重要内容，积极参与区域和全球环境治理，贡献中国智慧、经验和解决方案，是维护我国发展权益和国家利益的需要。

生态安全体制改革，要在国家《生态文明体制改革总体方案》框架下，坚持节约资源和保护环境的基本国策，坚持节约优先、保护优先、自然恢复为主的方针，立足我国社会主义初级阶段的基本国情和新的阶段性特征，以建设美丽中国为目标，以正确处理人与自然关系为核心，以解决生态环境领域突出问题为导向，基于国家生态文明体制改革推进时间路线图，将生物安全、环境安全、生态系统安全体制改革，生态安全评估与预警体系建设，与国家空间规划体系建设、国土空间开发保护制度建设、自然资源资产产权制度建设、资源总量管理和全面节约制度建设以及生态保护市场体系建设相结合，推动生态安全体制改革，保障国家生态安全，改善环境质量，推动形成人与自然和谐发展的现代化建设新格局。

第四节 生态补偿体制建设

一、生态补偿的标准体系建设

（一）生态补偿方式

1. 运行机制视角下的生态补偿方式

（1）行政补偿

行政补偿方式的主体是国家，也可以是上级政府。无论是国家还是上级政府在实施行政补偿的过程中都可以采用生态基金、人才相关技术投入、财政补贴等策略。

运行机制视角下的生态补偿是研究生态补偿的重要内容，而行政补偿在生态补偿过程中应用最为广泛，甚至在未来的生态补偿发展中也起着一定的主导作用。

（2）市场补偿

除了行政补偿以外，生态补偿还常采用市场补偿的方式。这一补偿方式通常包括两个方面的内容：一对一交易模式和市场贸易。

一对一交易模式主要应用于流域上下游之间。通常情况下，流域上游和流域下游会通过协议的方式进行一对一交易。上游的生态环境保护和发展投入费用都是下游地区支付的。

市场贸易主要是采用各种手段促进生态利益产品化，同时使生态产品市场化。生态产品通过统一的价格在市场上进行交易和流通。

2. 被补偿者视角下的生态补偿方式

（1）货币补偿

货币补偿主要强调的是通过货币的形式对被补偿者因为生态环境受到的损失进行一定的补偿。

从被补偿者的视角而言，货币补偿无疑是一种最为直接、最为常见的方式。无论是对哪种生态损失进行的生态补偿，都可以采用货币补偿方式。在所有的生态补偿方式中，货币补偿直接将货币给被补偿者，操作流程并不复杂，而且比较直接。

货币补偿在实际执行过程中，通常采用以下方式：资金补偿、补偿金、退税等。这些常用的货币补偿方式有利于提高生态效益、加速折旧等。

（2）实物补偿

实物补偿方式强调的是用实实在在的实物对被补偿者进行补偿。通常采用的补偿实物主要有物质、土地，还包括劳力等。通过实物补偿这一方式，有利于提高被补偿者的生活水平，解决被补偿者的生产要素问题，在一定程度上提高了生产的能力。

从本质上而言，实物补偿旨在通过实物补偿的方式，为退耕农民提供基本的生活保障。可以说，实物补偿这一方式不仅有利于被补偿地区的社会稳定和发展，还有利于对被补偿者的权益保护，是一种双重意义的生态补偿方式。

（3）政策补偿

政策补偿主要涉及的是上下级政府的一种补偿方式。政策补偿适用于资金不足、经济不发达的情况。在政策补偿实施过程中，政府部门可以采取多种方式，对生态项目进行支持、对生态规划进行引导等都是比较常见的方式。

政策补偿可以分为两种类型，

第一种类型是上级政府对被补偿地区直接进行政策补偿，从而保障被补偿地区的经济发展。第二种类型是下级政府的政策补偿。下级政府可以根据该地区实际的生态发展和经济发展情况，制定政策规划，并对政策不断进行创新。无论是上级政府还是下级政府实施政策补偿，都是为了促进地区的生态发展和经济发展。

（4）技术补偿

技术补偿强调的是利用多种技术对被补偿者或地区进行补偿。在技术补偿实施过程中，相关人员应该注重技术人才的培训，还应该根据实际需要多开展一些技术服务活动。

技术补偿通常采用以下方式：

第一，针对被补偿者，主要采用的是技术人才培训的方式。通过对被补偿者的技术培训，可以提高被补偿者的技能和综合能力。

第二，针对被补偿地区，主要采用的是输入高质量技术人才的方式。只有这样，才能促进被补偿地区的技术人才培养，也才能带动被补偿地区的经济发展。

技术补偿这一方式注重被补偿者的技术培训，教给被补偿者一定的技能，这样有利于提高被补偿者的技能，使被补偿者的生存问题得到根本解决。另外，技术补偿方式还有利于被补偿地区的技术人才输入，有利于在一定程度上促进被补偿地区的持续发展。

范围、层次、情节以及程度的不同决定了生态补偿的方式也大不相同。正确适用生态补偿方式，对于弥补生态维护建设者特别是牺牲者的损失有重要意义。补偿方式的确定有很大的灵活性，任何一种具体的补偿方式都不排除其他方式的运用，同一种生态补偿法律制度也可以利用不同的生态补偿方式。

（二）生态补偿模式

1. 区分对象的分类补偿

（1）对生态保护贡献者的"积极性补偿"

浙江省是这一补偿模式实施的典型代表。浙江省以法律为依据，针对生态补偿设立了专业基金，对保护生态做出贡献的人给予合理的积极性补偿。实施这种补偿模式，有利于改善浙江省的生态环境，有利于更多的人参与到生态保护活动中。

（2）对生态利益受损者的"针对性补偿"

这一补偿模式主要强调的是对于特定的生态功能区中的生态利益受损者进行针对性补偿，从而提高生态补偿的针对性。

2. 结合成效的科学补偿

（1）"输血型"补偿

"输血型"补偿是通过资金、实物补偿这两种方式，实现生态受益地区向生态产出地区的补偿流转。这种方式不仅平衡了生态受益地区和生态产出地区的经济发展，还有利于在短时间内取得较高的效益，是一种最直接、最有效的补偿方式。

（2）"造血型"补偿

"造血型"补偿与"输血型"补偿相比，其方式比较多，除了政策补偿和智力补偿以外，还涉及项目补偿。同时，"造血型"补偿并不像"输血型"补偿那样注重短期效益，它注重的是生态补偿的长久效益，具有长效性的特点。

3. 依托政府的灵活补偿

（1）政府的"强干预"补偿

政府可以通过财政转移支付的方式实现"强干预"，比如通过上级的组织将资金拨付给生态保护区，这种支付方式属于公共支付，多以纵向转移的形式实现，补偿的资金多是国家生态补偿基金，除了依靠资金的输入补偿，还可以通过实施税费政策，降低绿色发展产业的相关资费，让当前的税收制度更加合理，鼓励环境友好型经济业态的发展。

（2）政府的"弱干预"补偿

政府的"弱干预"指的是发挥市场的主导补偿机制，对于生态利益的各方应该秉承自愿的原则，通过相互之间的对接以及协商等将彼此的利益诉求表达出来，这样就可以明晰各方的权利以及义务，从而有利于各资源的优化配置。在进行市场化运作的时候应该强调民主的作用，从而能够让成本降到最低，所以引人生态补偿机制能以最低的成本完成双方的对接。但是相对于政府的"强干预"而言，"弱干预"的作用相对逊色，所以应该加大对其的法律保障。

二、生态补偿的稳定投入机制建设

（一）政府补偿机制

从我国当前的情况来看，目前的生态补偿多是以政府补偿机制的形式实现的，此种方式也是当前比较容易实施的。可以看出，政府补偿机制的实施主体是国家及有关政府部门，被补偿的对象一般是下级的政府或者是农牧民，补偿的目标是为了实现国家生态的安全，促进社会稳定的实现，并缩小各地区之间的经济差异，所采取的具体措施一般而言包括财政补贴、税费改革以及人才技术投入等。

在不同的区域，政府可以采用差异性的政策，从而鼓励生态产业的发展，并对生态友好型企业给予一定的税费减免。当前的财政转移支付一般有两种形式，一种是横向的，指的是地方财政之间通过协议所进行的资金转移；另一种是纵向的，指的是财政资金从中央到地方的拨付，在进行生态补偿的时候，不但要加大纵向财政转移的力度，还应该引导横向财政转移支付的实现，建立有利于生态保护和建设的财政转移支付制度。

（二）市场补偿机制

用于生态补偿的资本不能仅靠政府的财政资金投入，还需要引入市场机制来增加其灵活性与积极性。生态补偿投融资市场化机制强调市场在生态补偿中的作用，通过市场产权交易和金融工具运用，促进生态资源合理流动，使得生态资源能够得到优化配置，这样也可以吸引社会性的资本从而实现生态补偿的目的，通过市场的交易，能实现生态环境的服务功能价值。从交易的对象上来看也具有多样性，包括生态环境要素的权属以及环境污染治理的绩效等各个方面。

1. 生态资源产权交易制度

产权是经济所有制关系的法律表现形式，包括财产的所有权、占有权、支配权、使用权、收益权和处置权。产权制度是制度化的产权关系或产权安排，是划分、确定、界定、保护和行使产权的一系列规则。有效的产权制度能明确经济活动参与者在市场交易中的责、权、利关系，规范他们的经济行为，降低市场交易成本，最终实现资源的优化配置。明晰的产权制度是生态补偿市场化的基础性条件。

在理论研究方面，科斯的产权理论在国内外生态补偿领域得到了广泛应用，如水权交易、碳排放权交易、森林采伐权交易、排污权交易等。资源性资产是支撑经济社会发展的物质基础，它对自然资源的依附性，决定了实物交易成本非常高或者说物理流动是不可能的。产权的可转让性与可分割性为资源性资产交易创造了条件。党的十八届三中全会提出"发展环保市场，推行节能量、碳排放权、排污权、水权交易制度，建立吸引社会资本投入生态环境保护的市场化机制，推行环境污染第三方治理"。所以在实践中，一定要建立归属清晰、权责明确、监管有效的生态资源产权制度，解决生态资源所有者、所有权边界模糊等问题，让使用者在获得资源利益的同时，承担起生态补偿责任。

2. 生态工程信托投资

构建生态补偿投融资机制的关键是通过参与投资各主体的协商，设计出高效的融资计划和公平的风险、收益共享方案，在这个过程中，可以引入信托方式，设立信托公司。信托公司作为金融中介机构参与设计融资计划，不仅拥有丰富的专业经验和技能优势，而且还能够参与发起项目公司，成为项目主办者。信托公司作为生态补偿项目的投融资中介，接受社会上分散的投资者的资金信托，可以采取下列几种方式参与生态补偿项目融资：
（1）贷款信托；（2）发行债券直接融资；（3）股权融资。

3. 绿色信贷

对信贷资金利用进行清晰合理的规划，适当引导银行资金向各生态补偿项目方面倾斜。各银行可以根据自己的情况，在央行相关政策的指引下制定适合生态补偿建设的信贷政策，比如以较低的利息向生态友好型企业发放贷款，这些贷款对于企业来说或许就是启动的资金，甚至可以为这些企业发放无息贷款。各金融机构在保证资金安全的情况下也可以发放贷款，这样就可以提高借贷人利用贷款的效率，同时也能让生态效率得到提高。对于政府来说，应该发挥自己的政策导向性以及协调性，逐步推进生态补偿投资市场的建设，并为这些建设提供资金支持。2013 年，我国湘江流域首次实行绿色信贷制。

4. PPP 模式

PPP（Public-Private-Partnership）模式，又称为政府与社会资本合作模式，是指政府与私人组织之间，为了提供某种公共物品和服务，以特许权协议为基础，彼此之间形成一种伙伴式的合作关系，并通过签署合同来明确双方的权利和义务，以确保合作的顺利完成，最终使合作各方达到比预期单独行动更为有利的结果，包含 BOT、TOT、DBFO 等多种模式。在 PPP 模式中，政府与社会主体建立了"利益共享、风险共担、全程合作"的共同体关系，使此模式被广泛应用于公益性较强的市政基础设施建设和生态环境治理工程，已经成为生态补偿资金的重要来源之一。

第三章 农业绿色发展与生态文明建设

生态文明作为全新的人类文明形态，强调实现人与自然的协调发展和可持续发展。建设生态文明，必须加强资源节约和生态环境保护。而绿色农业是当前现代农业的主导模式，发展绿色农业，对于促进我国农业健康发展，促进生态环境的保护，实现可持续发展意义重大。因此，必须采取有效措施，大力发展绿色农业，积极推进生态文明建设。

第一节 农业绿色发展概述

一、农业绿色发展的概念

发展绿色农业不仅可以保护农业生态，让其得到可持续发展，还可以防治环境污染。我国农耕文明的历史是非常悠久的，并且在很早的时候我国就形成了一些极为朴素但又极为科学的生态学思想，比如"天人合一"等。随着社会的发展，我国由农业社会步入工业社会，传统的农业体系被瓦解了，到了20世纪70年代，农业环境问题凸显，我国生态农业治理的理念在不断形成，并且展示出了良好的经济效益。

在可持续发展理念的指引下，在农业绿色发展领域下出现的新概念不断增多，比如循环农业、两型农业、有机农业等，这些概念从宏观上来看都属于农业绿色发展的范畴，但是却都有各自的侧重点。

农业会对气候产生一定的影响，同时农业生产受气候的影响也最大，古代人是靠天吃饭的，如果一年四季风调雨顺就会有较好的收成，人们的生活也会比较富足，但是一旦遇到灾年，那么人们的收成就会减少，影响日常生活。最近，由农业活动而产生的温室气体排放量越来越多，并且农业生产也日益受到极端天气的挑战，所以要想发展低碳农业，就应该将农业引向低耗、低污染的发展方向。

二、农业绿色发展的内涵

要想实现农业绿色发展，就应该形成与生产生活相匹配、与环境承载力相匹配的生产格局，并致力于维持耕地数量不减少、地下水不超采、不增加化肥使用量、农膜全利用、美丽乡居更加宜人等。

对于绿色发展，其基本的特征就是要实现资源的高效利用，在长期的发展背景下，我国农业发展面临投入较高、资源消耗过大、开发过度的情况。要想推进农业的绿色发展，需要依靠科技的不断创新以及劳动者素质的不断提高，这样就可以不断提高土地的产出率从而实现收成的增长。

在发展绿色农业的时候，应该让产地的环境变得更为清洁，相较于工业生产，农业发展对环境的损害最小。我们可以把稻田看作是人工湿地，把果园看作人工园地，把菜园看作是人工绿地，这些都可以被看作"生态之肺"。为了推进农业的绿色发展，就应该推广绿色生产技术，加快治理环境问题。

在发展绿色农业的时候，应该追求让生态系统变得更为稳定，山水林田湖是一个生命共同体。在很长的一段时间里，我国农业生产的方式是比较粗放的，这也给农业生态系统带来了一定的损害，导致了生态系统功能的退化。要想推进农业绿色发展，就应该加快生态农业建设，逐步培育可持续发展的经济模式，从而让农业成为中国的生态支撑。

绿色发展的目标是提升绿色供给能力，推进农业供给侧结构性改革，应该多增加绿色优质的农产品。在当前形势下，我国农产品总体供货数量很多，但是优质的农产品数量并不多，并且没有适应好城乡居民消费结构的升级，为了推进农业的绿色发展，应该提供更加优质并具有特色的农产品，让农产品从"量"的提高变为"质""量"的共同提高。

三、农业绿色发展的外延

我们可以将农业绿色发展看成是一种举措，当然其也是一种发展理念，这种发展方式是符合自然发展规律的。绿色是农业的本色，农业的绿色发展应该满足农业供给侧改革的基本需求，这也是实现农业发展与环境协调发展的重要举措。

当代人在谋求发展的时候应该尽量满足后代人的需求，按照绿色发展理念的相关要求，形成绿色的发展方式，逐步加大对环境的保护力度，从而形成环境节约型的产业结构。

（一）绿色生产方式

随着社会的发展，人与自然之间的矛盾日益突出，各种资源的短缺已经成为影响社会发展的瓶颈，只有大幅度地提高经济绿色化的程度，形成绿色生产的方式，才能走出一条既能获得经济增长又不破坏环境的康庄大道。在当前社会，我们所探寻的是社会经济发展的新增长点，要推动绿色的生产方式形成，构建经济社会的新的增长点。

绿色产业所涵盖的内容是比较广泛的，包括绿色服务业、环保产业等，其目的是为人类提供更加清洁的产品，并降低对环境的污染。

在发展绿色产业的时候，应该尽量减少有害材料的使用，逐步减少浪费，着力提高材料以及能源的利用效率，减少废弃物的排放。与此同时，还应该加强对废弃物的回收利用，从产品设计、开发以及包装的各个环节实现产业的绿色化，实现良性循环。

（二）水土资源保护

1. 提高农业水资源保障

应该提高灌溉水的利用效率，确定好节水的重点区域，关注不同地区技术的开发，同时还应该注重区域水环境的保护，致力于产业结构的调整，着力提高农业供水的质量。

2. 减少水污染

对于污水可以采用再生利用技术，让处理后的污水能够满足水质标准要求，并在相关技术标准的指导下，对各种技术进行集成，采用合适的工艺方案，实现污水资源化的利用。应该尽快研究各类用途再生水的质量标准体系，从而推进城市污水再利用工作的顺利开展。

3. 改善农耕质量

对于农耕质量也应该让其得以逐步改善，很显然，要想实现农业的可持续发展，就应该以优质的耕地对其进行保障，所以应该逐步推进农田基本建设，不断改善耕地的质量从而提高生产效率。

4. 提高农产品质量，修复生态土壤

在修复受污染土壤的时候，应该致力于农产品质量的提高，可以采取一些有效的措施，加大对土壤的修复力度，比如可以通过创新水质监测技术来监测灌溉用水是否受到污染，对于受污染的水源一律不采用；还可以创新施肥技术，让化肥的效力得到最大限度的发挥，这样就可以减少化肥对土壤的污染；可以改变当前修复土壤的单一技术，将植物修复技术以及生物修复技术等各种技术进行集成，从而获得更好的修复效果；对于当前我国的重金属污染问题，还应该采取有效的技术措施，加大治理力度。

（三）农业农村环境污染治理

在治理的时候应该遵循一定的原则，比如以人为本原则、综合治理原则以及标本兼治原则等。

1. 减少农业内源性污染

应该科学合理使用农业投入品，逐步提高产品的使用效率，从而降低内源性污染。应该普及和改善施肥的方式，鼓励大家使用有机肥料，降低农药残留，推进病虫害的绿色防控等。同时应该注意治理地膜污染，开展废旧地膜的回收工作，开发可降解地膜，逐步建立全国生态环境监测体系。

2. 综合治理养殖污染

政府以及当地各有关部门应该支持规模化畜禽养殖场的建设，并帮助他们逐步提高粪便的处理水平，控制氨的排放总量。同时应该保护用水安全，不在水源地设立养殖区。对于因病死亡的动物应该进行无害化处理。在养殖禽畜的时候应该规范用药以及添加剂的使用，推广使用安全的复合饲料，严格控制养殖的容量以及密度。

3. 改善农村环境

加快农村环境的综合治理，科学编制村庄规划，保护饮水安全，加强生活污水的处理。应该严禁秸秆的露天焚烧。着力开展乡村建设，致力于自然景观的修复，开展农户院落整治以及村庄的美化，使休闲农业得以持续发展。

（四）规范农业生产环节

1. 规范农业生产资料的生产行为

在施肥环节应该重视化肥质量，要求化肥生产企业提供化肥的肥力信息，选择适合生产需要的肥料；应该加大农药生产技术的推广力度，禁止生产剧毒的农药，从而降低农药对环境的污染；应该重视可降解地膜的研发，力求节约成本同时减少白色污染；在生产饲料的时候，应该减少各种金属元素的使用，从而减少对土壤的污染。

2. 规范农业生产主体的行为

为了实现绿色发展理念，政府应该做好基础工作，发挥好引导功能，并应该加快制定严格的农产品质量标准体系，做到对生产各环节的有效监督；应该完善农业社会化服务体系，逐步提高农业生产抗风险的能力；加强农产品的质量检测监督，建设专业的人才队伍，发挥其在质量检测中的重要作用；作为农业生产的主体，企业、农民应该按照生产技术规范开展生产，从而保证农产品质量的安全。

第二节　绿色生态品牌建设目标与规划

一、目标与愿景

农业绿色生态品牌建设的愿景是发展农业，尤其是对绿色生态农业品牌现存价值、未来前景和信念准则的界定，是绿色生态农业品牌建设中不可缺少的一部分。品牌建设首先要构想出品牌愿景与目标，并使其与绿色生态农业发展和经济社会发展相适应。

在当前的环境下，广大消费者都有了较强的生态文明意识，并且也更加重视产品的安全，绿色生态观已经成了消费者所极力推崇的一种理念。绿色生态理念重视无公害健康产品的生产，重视资源的节约以及可持续发展。绿色生态品牌建设必须符合消费者"健康生活"的绿色生态追求。

"十三五"规划明确要求，建立健全农产品从农田到餐桌的质量安全体系。持续增加农业投入，完善农业补贴政策。构建新型农业经营体系。

大力培养新时代的新型农民，大力支持家庭农场、农民合作社以及农业产业龙头企业等主体的发展，发展绿色农业企业品牌。打造一批国内领先的著名绿色生态品牌产品，促进绿色生态农业又好义快发展。

在行业层面，要求把提高农业综合效益和竞争力摆在更加突出的位置。优化农业生产区域布局，大力发展特色优势产业，深入推进以"百县百园"为重点的现代农业示范园区建设，打造全国绿色食品产业基地。努力建设具有地区影响力、行业品牌和现代绿色生态农业生产基地。

在区域层面，需要各地区根据地区特色和资源特征，整合地区资源，地区政府和行业协会系统规划实施，努力建设具有地区影响力的地区品牌，落实投入人力、物力，打造国内知名的区域品牌。

二、建设规划

（一）指导思想

以习近平新时代中国特色社会主义思想为指导，贯彻落实"创新、协调、绿色、开放、共享"新发展理念。进一步解放思想，开拓创新，拓展思路，为加快转变经济发展方式，打造资源节约型、环境友好型和自主创新型绿色生态农业。

（二）主要原则

绿色生态品牌建设规划的原则主要有两个方面：一方面是企业内部如何建立生态品牌；另一方面是从绿色生态农业整个行业的角度建立品牌。

1. 从企业角度进行品牌规划

从企业角度进行品牌规划的主要原则有：

第一，以人为本的原则。坚持以人为本的原则，密切关注绿色生态产品的消费者、工业企业等对象的感受，切实根据不同产品对象的需求提供市场认可的个性化产品和服务。

第二，彰显特色的原则。消费者往往是被相同产品所表现出来的不同特色所吸引，绿色生态品牌的建设应该依托中国的优秀传统文化、农业文化等开展，应该吸收先进文化，从而让自己的品牌拥有独特的内涵、服务信誉等，并通过深入而广泛的传播，让品牌有亲切感，让社会大众有认同感。

第三，持续创新的原则。准确把握产品需求快速的变化，持续创新服务方式方法，不断提高产品质量，以更快的速度、更高的标准满足多元化、差异化的需求。尊重品牌建设的规律，积极借鉴行业内外品牌建设优秀成果，用科学发展、持续创新的观点对其进行整合、完善和提升，使绿色生态品牌建设更加符合绿色经济崛起的实际和未来发展的需求。

第四，共同发展的原则。坚持优化整合、共同发展的原则，将绿色生态品牌建设与生态资源和地域优势等有机结合起来，协同一致、相互促进、形成合力。在已有的各项服务流程、标准、规范的基础上，不断优化、整合新标准、新流程，形成统一的服务体系，更好地服务于广大消费者，与其共同成长。

第五，创造价值的原则。把产品做成品牌，让品牌创造价值。在新形势下，促进传统农业向现代农业转变是发展现代化农业的重要使命，是转变农业发展方式的重要途径，是推动"绿色生态农业"的强大动力。建设省市一体化服务品牌，就是要促进这种转变、创造更大价值：对内主要是为员工搭建成长平台，为企业做大品牌、做优品牌，为行业树立良好的社会形象，助力农业提升核心竞争力，增加企业的核心价值。

第六，包容力和扩张力原则。品牌是体系产品或企业的核心价值，著名国际品牌具备很强的包容力，这是品牌能够做大做强的关键所在。品牌是一种无形资产，这种资产的利用不仅仅是免费的，还能在品牌的发展过程中提高品牌的价值，所以不少企业都希望塑造出一个品牌，从而让自己获得更大的利润。所以，我们在进行品牌设计规划的时候应该考虑品牌的前瞻性以及包容力。

2. 从行业角度进行品牌规划

从行业角度进行品牌规划的主要原则有：

第一，坚持以市场为导向。主动适应市场全球化、消费多样化、需求个性化的特点，将生态优势、农产品特色优势进行整合，有效锻造农产品品牌、树立良好形象，加强宣传推广，从而让农产品的影响力得到不断提高，创造出具有特色的农产品形象。

第二，立足企业自身。政府应该扶持当地企业的发展，使其成为龙头企业，并且应该鼓励新型农业经营主体的开办，通过商标注册以及品牌培育等一系列方法，创造出自主品牌。

第三，发挥政府推动作用。在尊重市场、经营者主体作用的前提下，发挥各级政府的引导作用，积极构建政策支持体系、财政金融扶持体系、技术帮扶体系、产业支撑体系、法治保障体系，通过政策、资金、技术及市场监管等一系列工作措施，营造有利于培育和发展品牌的良好环境。

第四，坚持质效并举。质量是品牌的基础，效益是创造品牌的目的。坚持以质取胜，确保农产品绿色有机质量标准，让农产品拥有较好的形象，从而最大限度地实现农产品的效益，促进农民增收。

第五，坚持协同共建。构建"企业主动、政府推动、专家指导、部门联动、社会互动"的农产品品牌建设机制，充分发挥企业的主动作用、政府的推动作用、专家的指导作用和媒体的传播作用，鼓励和保障公众共同参与、生产者与消费者良性互动，形成齐抓共管、共建共享的格局。

三、具体内容

根据品牌的应用范围，品牌分为产品品牌、企业品牌、行业品牌、区域品牌、国家品牌和国际品牌，因此，在品牌建设过程中就应该注意品牌应用范围的大小。根据品牌建设的常规性顺序原则，我们一般首先建设产品品牌，其次是建设企业品牌，而有时是先建设企业品牌，后建设产品品牌，这主要依品牌定位模式而定。如果是以消费者为导向而建立的品牌，则是首先建设产品品牌；如果是以自身优势资源为导向而建立的品牌则是首先建立企业品牌，然后产出产品品牌。因此品牌建设过程中对品牌的定位十分关键。

（一）市场定位

绿色生态品牌的市场定位就是绿色生态农业企业以品牌愿景和目标为指导，通过一系列的品牌运作活动，使企业品牌价值和内涵在相关者心目中占领一个独特的位置，或使企业品牌价值和内涵在相关者心中形成一种独特的、正面主观联想的过程。在品牌定位建设过程中，首先要对企业内外部环境进行分析。其中内部环境包括自身战略、管理及人力资源等，外部环境包括政策、竞争对手品牌定位及策略，尤其是对内、外部利益相关者进行分析。其次要认真分析企业品牌的关键优势。主要是要认真分析企业的关键优势所在，找出这个品牌的"支撑点"，而这个点能让消费者接受和信服，同时又能强有力地区别于竞争对手。

（二）建设进程

1. 进行市场调研与竞争产品分析

可以在绿色生态企业中进行调研，从而收集客户对著名品牌的认知，同时还需要收集客户使用各产品的占比，并明确竞争对手的情况，这可让我们明确品牌在市场中的大致地位。

因为产品是品牌得以存在的基础，所以为了拥有良好的品牌形象就应该准备高质量的产品，我们可以将企业著名农业品牌的产品与竞争对手的产品进行对比分析，从而从根源上找到二者之间的差别，逐步提高产品的质量，提高客户对产品品牌的认知度。

2. 建立企业识别系统（CIS）系统。

要想深入进行品牌建设，可以引入 CIS 整体视觉形象设计，将企业的经营理念以及公司文化等传播给大众，让大众对企业产生一种认同感，显然良好的企业形象有利于促进产品的销售。

进行品牌建设可以推动企业自身进行革新，从而创造出更加富有个性的企业形象，这样就可获得国内外公众的认可。当前许多品牌的系统建设都不够完善，许多品牌甚至已经延续利用了多年，品牌形象一成不变容易造成视觉疲劳。

3. 客户关系管理

农产品的销售主要以终端消费者为主，因此对于农业企业来说，客户是非常重要的资源。我们应该从客户的角度出发，着力提升产品的影响力，加强客户关系管理，提高客户对品牌的认知度。

4. 品牌形象和文化建设

品牌形象建设与公司的文化息息相关，所以要想改变品牌的形象就应该从产品的角度着手改进，这显然是一个比较长的过程，并且这个过程也是促进品牌完善的必经之路。公司管理人员应该严把质量关，不断打造优质的企业品牌形象，提高企业的技术能力，这显然需要经过长时间的变革。

5. 品牌推进方面

企业的各个部门都会对品牌的建设产生一定的影响，所有品牌的推进工作也需要不同部门的密切配合，在开展品牌建设的时候，技术是非常关键的，所以公司应该着力进行技术提升。

（三）推广传播

绿色生态品牌建成之后的首要任务就是品牌推广，无论品牌以哪种形式产生，都离不开品牌的推广传播，离开了传播，品牌的塑造和成长几乎是不可能的。但是品牌的传播渠道对品牌的传播效果起着至关重要的作

常规的传播渠道包括大众传播、分众传播和人际传播。大众传播主要是通过主流大众媒体发布信息，包括广播、电视等电子媒体，报纸、杂志等平面媒体，信息传播较为大众化、广泛化；分众传播是以产品和市场细分为基础，以获取某些特定部分人的注意力为目标，以此来传播信息，信息传播范围特定、准确，传播的侧重点与大众传播不同，分众传播是比大众传播更具针对性的品牌传播途径，是直接面向某一类鲜明目标受众的传播，是群体内部或群体之间的信息传递；人际传播是指人与人之间的直接交流和沟通，针对性强、互动性高，是获取品牌信息、形成品牌的消费态度的重要渠道。上述四种传播渠道各有千秋，在进行品牌传播时，要灵活、综合运用各种传播渠道进行组合传播。

在利用以上几种传播渠道组合传播绿色生态品牌时应注意以下几点。

第一，媒体组合应该有助于扩大品牌传播的受众总量。某一种媒体的受众群体，不可能与某一种绿色生态品牌传播的目标对象完全重合，没有被包含在某一种媒体的受众中的那部分传播目标对象，就需要通过其他媒体来传播，这就是许多品牌采用立体式媒体组合传播的重要原因之一。

第二，媒体组合应该有助于对品牌信息进行适当重复。品牌传播受众对于品牌信息产生印象、兴趣和购买欲望需要一定的信息展露度，而受众对某一种媒体上传播的品牌信息注意程度会在信息展露度随时间的递增而出现不同程度的降低，因此需要多种媒体之间的配合。

第三，媒体在周期上的配合。不同的媒体有不同的时间性，因此为提高品牌传播的效果和效益，必须注意各媒体的时间和特性，进行有效整合。

第四，媒体组合应该有助于品牌信息的互补性。不同的媒体有不同的特性，媒体组合式考虑各媒体之间的相互搭配、相互促进和相互补充。

第五，应注意效益最大化原则。在保障各媒体传播效果最佳的基础上，对各媒体传播发表的信息规格和频次进行合理组合，以尽量节省传播费用，赢得更大的品牌传播投资效益。

（四）品牌的维护

品牌维护，是指企业针对外部环境的变化给品牌带来的影响所进行的维护品牌形象、保持品牌的市场地位和品牌价值的一系列活动的统称。

企业的一项重要资产就是品牌，品牌的价值来之不易，但是，当前的市场有更多的竞争，市场的行情以及消费者的喜好等都不是一成不变的，所以企业就应该加强对品牌的维护，展示企业的核心价值，品牌维护的主要作用表现在以下四个方面。

1. 有利于巩固品牌的市场地位

企业的品牌并不是一直保持旺盛的生命力的，如果某一企业生产的商品没有之前那么高的市场占有率，那么就可以说这一品牌出现了老化现象。不管哪一种品牌都有出现老化的可能性，尤其是在当前市场竞争更为激烈的情况下此种状况会更加明显，所以我们应该加强对品牌的维护，尽力避免品牌老化现象的产生。

2. 有助于保存和增强品牌生命力

如果消费者对某一品牌的产品有长久的需求，那么品牌就会更有生命力，所以品牌应该及时调整自己的发展方向，让其生产的商品能够不断满足消费者的需求，这样这个品牌就是有生命的，反之就可能会出现品牌老化的情况，所以对市场动向以及消费者的需求有明确了解是非常有必要的。

3. 有利于预防和化解危机

当前市场风云变幻，消费者的维权意识也在不断提高，企业就应该拥有预测危机的能力，如果没有应对好危机事件，那么就会给品牌带来极大的危险，这显然是对品牌很大的挑战。企业应该保证产品以及服务的质量，只有这样才能给消费者留下较好的印象，维护品牌固有的形象。

4. 有利于抵御竞争品牌

当今的市场是一个充满竞争的市场，不同产品之间的竞争显然会影响品牌的价值，企业应该维护好品牌，只有这样才能不断提高品牌的竞争力，并且也利于抵御假冒品牌的侵袭。

品牌的维护可以从以下三个方面着手：

（1）外部形象维护

品牌的自我维护体现在品牌运营的各项活动中，不仅包括品牌的设计，还包括品牌的宣传以及管理等。品牌在设计以及宣传的时候就应该让企业拥有自我维护的意识，从而让企业能够不断完善自己的产品，防止假冒伪劣产品混淆市场，这样会利于后续工作的开展。

（2）法律维护

除了自我维护，还可以采取法律维护的方式，该种方式不仅包括商标权的获得、原产地名称的保护，还包括品牌受窘时的反保护，由于企业不同，产品不同，所以与反保护相关的条款众多，所以，应该将法律维护定义为通过商标的注册与申请等对品牌进行保护。

（3）经营维护

到了品牌发展的成熟时期，需要采用自我维护的方式加强消费者对品牌的依赖，还应该以立法的形式保护品牌不被侵犯，除此之外还应该采用合适的经营策略使得品牌资源得以充分利用。

所谓的经营维护指的是企业在具体的营销活动中所实施的一系列维护品牌形象的行为，不仅仅是迎合消费者的需求，适应市场的变化，还应该利于品牌的再定位等。

四、绿色生态品牌建设的重点

（一）大力实施农业标准化生产，夯实农产品品牌的质量基础

要以良种保护、良种提纯和良种推广为核心，以农产品质量标准体系、安全检测体系和标准推广应用体系为重点，加快推进农业生产标准化。广泛采用国际和国内先进标准，做到农业产前、产中、产后各环节都有技术要求和操作规范。加强农产品质量安全建设，按照《农产品质量安全法》的监管要求，结合优势农产品布局，以优势主导产业为重点，建成布局合理、职能明确、专业齐全、功能完善、运行高效的农产品质量安全检测体系。一是建立和完善农业标准化基地建设，为农业品牌提供质量保障。二是加快农产品质量安全追溯体系建设，按照农产品生产有记录、信息可查询、流向可跟踪、责任可追究、产品可召回、质量有保障的总体要求，应用现代二维码、射频码等信息技术使农产品生产、运输流通、加工的各个节点信息互联互通，实现对农产品从生产到餐桌的全程质量管控。

（二）着力推进农业产业化经营，培育农产品品牌主体

以资产为纽带积极培育一批农产品加工、流通的产业集团。鼓励龙头企业通过兼并、重组、参股、联合等方式，促进要素流动和资源整合，与上下游中小微企业建立产业联盟，与农民合作社、家庭农场、种养大户和农户结成利益共同体，创建一批农产品加工示范企业和示范单位。积极争取财税金融政策支持。推动企业与资本市场对接，加强上市融资服务和指导培训，与金融机构沟通协调，支持企业进行技术装备改造和产业升级。实施质量立企、品牌强企战略。支持引导企业建立检测检验、质量标准和全程质量可追溯体系，将质量和信誉凝结成知名品牌。通过与金融机构对接进一步扩大融资的规模，支持农业产业化企业做大、做强。

（三）鼓励支持农产品商标注册，促进农产品品牌包装上市

要引导龙头企业、农民合作社等生产经营主体增强商标意识，鼓励、支持其积极开展农产品商标和地理标志证明商标、集体商标的注册，促进品牌农产品包装上市，促进品牌农产品的销售。各级部门都要设立品牌奖励资金，对各类农业经营主体申报成功的给予奖励。

（四）扎实开展农产品"三品一标"认证，提高农产品品牌的影响力

要按照"统一规范、简便快捷"的原则，把开展无公害农产品、绿色食品、有机食品和农产品地理标志认证作为农产品品牌培育的基础性工作，根据国内外通行规则和市场需求，提高认证科技手段，缩短认证时间，降低认证成本，依托优势农业产业和特色农产品，逐步普及农产品认证，培育众多的绿色、有机农产品。

（五）加大营销宣传力度，提高品牌农产品市场占有率

品牌是培育出来的，品牌也是推介出来的。各地要善于做品牌推介工作，采取"两手抓，两手硬"的办法推介农产品品牌。一手抓传统媒体的推介，努力在广播、电视、报纸、户外、高速公路、高铁等传统媒体上不间断、全覆盖地推广本地、本企业的农产品品牌；另一手抓网络等新媒体推介，根据网络特点，针对网络受众，运用网络语言，大力做好网络推介。尤其

要针对微博、微信特点，开发微广告，争取微用户，扩大微影响。

（六）自觉维护品牌形象，确保农产品品牌健康发展

要加强品牌保护，努力维护品牌的质量信誉，保障农产品品牌健康发展，对恪守信用者要予以宣传表彰。品牌主体要强化自律意识，切实加强品牌质量保证与诚信体系建设，形成崇尚品牌、尊重品牌、维护品牌的良好氛围，自觉抵制傍名牌、仿品牌和假冒品牌的恶劣行为，为品牌的健康发展营造良好环境。

（七）抓好农产品品牌整合工作，打造国家知名品牌

品牌整合要坚持以"政府引导、企业主体、市场运作、产业支撑"的原则，加强同区域同类别的品牌整合。着力打造区域公用品牌，以品牌为载体，将分散的千家万户联合成一个利益共同体。从整合品牌入手，放大知名产品明星效应，对已经具有一定知名度的农产品品牌，大做文章，做大文章，努力把它们打造成国家知名品牌。

（八）大力发展农产品电子商务，着力做好农产品品牌网络推介

鼓励龙头企业、农民合作社等新型经营主体，加快发展农产品电子商务，广建电商平台，广辟网络渠道，并借助淘宝、京东、微商城等各类电商平台和网络渠道，突出做好品牌宣传。要抓住农产品电子商务刚刚兴起，大家基本处在同一起跑线的良机，引进和培养专业的网络品牌打造和推广人才，帮助龙头企业、农民合作社等新型经营主体勇于、善于在网络做好品牌策划、品牌定位、品牌文化、品牌营销等工作，积极主动争取和稳固网络消费者，使农产品品牌在网络领域抢占先机。

第三节 农业废弃物再利用模式

一、农业废弃物肥料化模式

有机肥料来源于动植物，是以提供农作物养分为主要功效的含碳物料。有机肥料不仅含有植物所需的大量营养元素，而且还含有多种微量元素，是一种完全肥料。有机肥料中所含有的有机物质是改良土壤、培肥地力不可替代和不可缺少的物质。长期施肥可以增加土壤中微生物的数量，让土壤中的有机质含量得到进一步提高，同时还能改善土壤的理化性质。

（一）有机肥料资源

1. 人畜禽粪尿资源

粪尿是人和动物的排泄物，具有养分全、含量高、腐熟快、肥效好、资源丰富等特点，是优质的有机肥料。粪尿类包括人粪尿、家畜粪尿、禽粪等。资料表明，一个千头奶牛场，可日产粪尿 50 吨；一个千头肉牛场日产粪尿 20 吨；一个千只蛋鸡场，日产粪尿 2 吨；一个万头猪场每天排出的粪尿约 20 吨。

2. 秸秆资源

在农作物收获后会留下秸秆，秸秆中还有大量的营养物质，可以用来制造有机肥料。秸秆是一项数量巨大的有机肥资源，中国粮食平均年产量在 5 亿吨左右，由此产生的秸秆总量高达 6 亿吨。秸秆在过去一直是作为农民的燃料和建草房的建筑材料，但近年来，随着农民生活水平的提高，农村也逐步开始使用煤、天然气等，那些低矮的小草房也逐步变成了高大、坚固的楼房，秸秆也不再被当作一种建筑材料去使用。随着化学肥料的施用以及各种灌溉技术的进步，农作物的产量有了较大幅度的提高，这也提高了秸秆的数量，那么如何利用、处置这些秸秆就成了亟须解决的问题。

对于农民而言，他们缺乏处置秸秆的有效手法，尤其是在一些经济比较发达的地区，农民们往往会将其付之一炬，显然这浪费了大量的生物资源，并且也会烧死土壤中的一些有益菌，在焚烧秸秆的地块就会出现土壤结构破坏的情况，这显然影响了农业的可持续发展。秸秆的焚烧还容易引发火灾，影响人们身体的健康，并对生产与交通造成不利影响。

多积、多造、多用有机肥料，对于改良土壤、培肥地力、提高化肥肥效、发展生态农业、增加产量、降低成本以及净化城乡环境，都具有十分重要的意义。因此，采取相应对策，发展有机肥料，提高有机肥施用比例，有机、无机肥料配合施用，对作物优质高产、培肥地力，建设良好的生态环境，促进我国农业循环经济发展十分重要。

（二）有机肥料生产

1. 畜禽粪便有机肥料生产

畜禽粪便中含有大量的有机物及丰富的氮、磷、钾等营养物质，是农业可持续发展的宝贵资源。畜禽粪便有机肥料的生产方法如下。

（1）堆肥法

堆肥是处理各种有机废弃物的有效方法之一，是一种集处理和资源循环再生利用于一体的生物方法。把收集到的粪便掺入高效发酵微生物如EM（有效微生物群），调节其中碳氮的比例，让其在合适的温度、湿度以及酸碱度下进行发酵。这种方法处理粪便的优点在于最终产物臭气少且较干燥，容易包装、撒施，而且有利于作物的生长发育。堆肥法存在的问题是处理过程中有 NH_3 的损失，不能完全控制臭气，而且堆肥需要的场地越大，处理所需要的时间越长。有人提出采用发酵仓加上微生物制剂的方法，可以减少 NH_3 的损失并能缩短堆肥时间。

（2）厌氧微生物发酵法

厌氧微生物充分发酵畜禽排泄物并将其转化为肥料，使厌氧微生物发酵法比普通堆肥法效率更高，其中心技术是厌氧固氮发酵。禽畜粪便中的生物能被提取之后，其中的部分营养物质仍会残留在沼渣中，以此作为肥料的营养成分会更利于农作物的吸收，从而减少化肥的使用量，降低农业生产的成本。根据不同畜禽排泄物的特点，采用厌氧微生物发酵法可将猪粪加工成颗粒状肥料。此外，在一些畜禽有机肥生产厂，常用的方法有快速烘干法、微波法、充氧动态发酵法。而且，畜禽粪便有机肥料生产技术及工艺流程在逐步完善和提高。体现在采用的生产原料主要有畜禽粪便、骨粉、鱼粉、锯末、秸秆、豆饼、腐殖酸等；发酵技术有了提高，许多厂家把生物菌用于有机肥的发酵，部分企业采用发酵仓发酵的方式，提高发酵速度和质量；工艺流程逐步规范，从配料—翻拌—发酵—烘干造粒—包装，每个企业有自己完备的工艺流程；生产过程许多环节应用机械设备，设计生产能力比较大。

2.秸秆肥料化

农作物秸秆肥料化是利用秸秆富含有机质，将其用于改良土壤结构，增强耕地保水保肥能力的再利用形式，是建设循环型农业、保持土壤养分平衡、实现农业可持续发展的重要措施。秸秆肥料化主要技术有秸秆直接还田、堆沤还田、过腹还田、垫圈还田等。

直接还田是秸秆肥料化技术应用最普遍和简单的一种。但由于秸秆密度低、收获季节性强，收集和储存比较困难，直接还田存在以下两个方面的问题：一是由于直接还田所使用的机械设备造成地面粗糙，影响后茬作物种植；二是秸秆直接还田肥效率不高。沼液、沼渣肥效比秸秆直接还田要高 1—1.5 倍。为此，农业部门制定和完善秸秆利用政策，制定合理的原料收购政策，指导农民充分利用秸秆资源，使农民获得合理收益，调动和保护农民秸秆肥料化的积极性。

二、农业废弃物能源化模式

农业废弃物能源化主要是通过将畜禽粪便、秸秆等有机废弃物厌氧发酵，产生沼气进行利用和直接利用秸秆发电。

（一）沼气模式

1.沼气模式原理和应用

目前，循环农业在农村最典型的运用就是农村沼气。农村沼气发展模式实施难度较小，可操作性较强。其原理是将农作物的秸秆、人畜粪便等有机物在沼气池厌氧环境中通过沼气微生物分解转化后所产生的沼气发酵产物（沼气、沼液、沼渣，俗称"三沼"）转化为能源，"三沼"可以有效缓解部分农村地区的能源紧张状况。沼气除可直接用作生活和生产能源，或用于发电外，可以养蚕，可以保鲜、储存农产品，沼液可以浸种，可以代替农药作叶面喷洒，为作物提供营养并杀灭某些病虫害，可以作为培养液水培蔬菜，可以用作果园滴灌肥，可以喂鱼、猪、鸡等；沼渣可以用作肥料，可以作为营养基栽种食用菌，可以养殖蚯蚓等。它既有降本增效的功能，又能改善环境，保护生态，实现农业和农村废物循环利用，是广大农村发展安全优质农产品必不可少的重要条件。

利用沼气池这一工程，可以把农业和农村产生的秸秆、人畜粪便等有机废弃物转变为有用的资源进行综合利用，其主要模式有：一是"三结合"，如沼气池—猪舍—鱼塘；沼气池—牛舍—果园；沼气池—禽舍—日光温室等模式。二是"四结合"，如沼气池—猪禽舍—厕所—日光温室（或果园、鱼塘、大田种植）等模式，是庭院经济与农业循环结合最典型的一种模式。在这种模式中，农作物的果实、秸秆和家畜排泄物都得到循环利用，输出各种清洁能源和清洁肥料，综合效益非常可观。不少地方原来经济比较落后，通过引导农民建设这种模式的家庭生态农业园，经济得到迅速发展，农民收入大幅度增加，被称为富裕生态农业园。但是，从总体看，目前我国畜禽粪便主要是用作肥料，用于沼气原料的还比较少。随着畜牧业生产方式逐步转向规模化、小区化集中饲养，粪污也相对集中在规模化养殖区域，再利用模式在这方面应用的效益和可行性将越来越大。

2. 沼气池的建设

沼气模式的应用，建设好符合标准的沼气池是第一步，要让农户能够管理好、用好沼气，必须要懂得发酵工艺和发酵条件。选取（培育）种—备料、进料—池内堆沤（调整 pH 值和浓度）—密封（启动运转）—日常管理（进出料、回流搅拌）。这个工艺是配套曲流布料沼气池产生的，原来叫曲流布料沼气发酵工艺，只有这个发酵工艺进入了国标，它适用于所有的国标沼气池。

（1）适宜的发酵温度

沼气池的温度条件分为：①常温发酵（也称为低温发酵）：10—30℃。在这个温度条件下，产气率可达 0.15—0.3 立方米 / 天。②中温发酵：30—45℃在这个温度条件下，池容产气率可达 1 立方米 / 天左右。③高温发酵：45—60℃。在这个温度条件下，池容产气率可达 2—2.5 立方米 / 天。沼气发酵最经济的温度是 35℃即中温发酵。

（2）适宜的发酵液浓度

发酵液的浓度范围是 2%—30%。浓度愈高产气愈多。发酵液浓度在20% 以上称为干发酵。农村户用沼气池的发酵液浓度可根据原料多少和用气需要以及季节变化来调整。夏季以温补料浓度为 5%—6%；冬季以料补温浓度为 10%—12%；曲流布料沼气池工艺要求发酵液浓度为 5%—8%。

（3）发酵原料中适宜的碳、氮比例

沼气发酵微生物对碳素需要量最多，其次是氮素，我们把微生物对碳素和氮素的需要量的比值，叫作碳氮比，用"C：N"来表示。目前一般采用 C：N=25：1。但并不十分严格，碳氮比为 20：1、25：1、30：1 的都可正常发酵。

（4）适宜的酸碱度（pH 值）

沼气发酵适宜的酸碱度为 6.5—7.5。酸碱度会影响沼气发酵效率，主要是因为 pH 会显著影响酶的活性。

（5）足够量的菌种

沼气发酵中菌种数量多少、质量好坏直接影响着沼气的产量和质量。一般要求达到发酵料液总量的 10%—30%，才能保证正常启动和高效产气。

（6）较低的氧化还原电位（厌氧环境）

沼气甲烷菌要求在氧化还原电位大于—330 毫伏的条件下才能生长。这个条件即严格的厌氧环境。所以，沼气池一定要密封。

（二）生物质能发电模式

生物能源是以生物质（主要是指薪柴、农林作物、农作物残渣、动物粪便及生活垃圾）为载体的能量。生物质能是指利用自然界的植物、粪便以及城乡有机废物转化成的能源。它的主要形式有沼气发电、生物制氢、生物柴油和燃料乙醇等。生物能源在增加能源供给、减少环境污染的同时，还有助于解决农村就业和农民增收问题，有助于保护土壤，促进农业的可持续发展。

1. 主要生物质能发电模式介绍

技术的多元化是支持秸秆发电产业的基础，我国地域辽阔，不同地区所种植的主要农作物存在差异，当地的气候、人们的生活习惯以及文化等方面都存在差异，单一的技术无法支撑某个产业的发展，国家显然可以给予技术支持，秸秆发电至少有三种技术路线，即秸秆直燃发电、煤与秸秆混燃发电、秸秆气化发电。

（1）秸秆直燃发电

秸秆直燃发电是采用秸秆发电，可以借鉴的技术是比较多的，并且也可采用热点联供的方式去提高整个系统的效率，具有很明显的规模效益，但是如果发电装机的容量小于 1 万千瓦，就会影响整个系统的效率。

（2）煤与秸秆混燃发电

我们可以通过改造小型的热电厂从而实现煤与秸秆混燃发电，这与重新建造一个电厂相比，所需的投入更少，但是需要解决的一个问题就是控制好秸秆的掺入量。

很显然，不同的技术拥有各自不同的特点，所以我们不能完全肯定或者否定某一技术，在选择技术路线的时候，我们应该充分考虑这一项目在所在地的实际情况从而采用最合适的技术。

（3）沼气发电模式

①河北省邯郸市河沙镇高科超腾葡萄生态示范园区案例。在河北省邯郸市河沙镇高科超腾葡萄生态示范园区，农民利用猪、牛粪便建沼气池，再用沼气发电，解决了整个农业园区生产生活用电，实现了变废为宝，增产增收。园区占地 60 余亩，种植优质葡萄 45 亩，现存栏大约克、杜洛克等优良种猪 1000 多头，猪舍下建沼气池 14 个，600 立方米，有一套沼气发电设备，包括与养猪场连为一体的沼气发电机组。养猪场的粪尿通过专门的通道流入地势较低的沼气池，经过沼气池发酵，产生沼气进入储气柜，储存的沼气输入 54 千瓦的沼气内燃机，带动 30 千瓦发电机发电，发出的电输入养殖场的电网，带动了 2 台饲料加工机、2 套浇灌设备、园区的全部照明等。养猪场每天可产沼气 200 立方米。按照每平方米沼气可发 2 千瓦时电，一天就可以发电 400 千瓦时，一年可以发电 14.6 万千瓦时，完全解决了园区用电量，每年可增收节支 1.5 万元。

②福建省延平区畜禽养殖企业和养殖户案例。延平区是福建省畜牧大县，目前共有规模畜禽养殖场 1275 家。为了治理其大量畜禽粪便对闽江的污染，延平区已建成 4200 口沼气池。通过发展沼气工程治理畜禽养殖污染，生态效益和社会效益很好，同时也有一定的经济效益。以一个普通规模养殖场为例，其沼液用于灌溉 200—300 亩果园或菜地，每亩可增收 200 元，年增收 4 万—6 万元。沼渣卖给化肥厂做原料，年收入 3 万—4 万元。但是主要产品沼气仅仅用于煮饭、照明，利用率仅 5%，95% 的沼气自然排放到大气中，不但浪费资源，而且污染大气。为了解决沼气工程建设中的这个难题，2004 年 8 月利用沼气发电在太平养猪场获得成功。据测算，一个规模畜禽企业为治污投入沼气设施建设的资金，靠沼液、沼渣，加上沼气发电的收入，五年内可收回全部成本。

2. 生物质能发电模式面临的问题

要想利用生物质能发电，需要解决的一个大问题就是资源的收集，在我国这是难以实现的，因为当前我国的大部分地区农业生产的基本单位是农户，每个人所占有的耕地面积是有限的，通过对我国粮食产量最高的五个省进行分析，每年每户的秸秆产量仅四五吨。一个一般的秸秆发电厂一年所消耗的秸秆量大概为 20 万吨，那么如果从农户家收集秸秆大致需要收集 5 万户，并且收集的时候还不是一次收集完成的，还需要根据夏秋作物的丰收情况进行收集，很显然收购工作是比较复杂的。

从国外的情况看，秸秆发电也有大规模发展的趋势，在北欧，这种技术已经得到了广泛应用，因为北欧的农业生产是以农场的方式开展的，单独一个农场所提供的秸秆数量是我们无法比拟的。那么结合当前我国的情况，除了黑龙江省等地外，其他省份采用秸秆发电的项目不能太大。秸秆资源的收集，有两个问题需要注意：一是把秸秆挤压成型（如块状）。如果我国也在农村设一些成型机，先把秸秆变成生物颗粒，收集就不成问题。二是秸秆等生物质能也是一种能源，应与煤同等看待，定出一个适当价格。这样既可以加快生物质能的开发利用，又可以促进农业产业化、提高农民收入。

三、农业废弃物饲料化模式

有机废弃物饲料化生态工程需要引起我们的深入思考。从当前的情况来看，我国每年农作物的秸秆大概为 6 亿—7 亿吨，产生的蔬菜废弃物也已经达到了 1 亿吨，肉类加工的废弃物也超过了 0.5 亿吨，显然对这些进行饲料化处理，拥有较大的潜力。

（一）秸秆饲料化

秸秆中的营养物质是非常丰富的，可以将秸秆处理之后让其发挥一定的功效，比如花生、玉米等秸秆中含有的营养成分比较高，我们可以采用青贮以及氨化等方式对其进行处理，让其中的纤维素等变得蓬松，这样就可以让牲畜更好地对其进行消化吸收。利用秸秆饲喂牲畜可以有效提高牲畜质量，也能减少很大一笔饲料费，经过科学的处理，秸秆中的营养价值不会流失，还会得到很大的提高，其开发利用的价值还是非常大的。

1. 氨化饲料

如果不处理农作物秸秆，那么它们需要经过长时间的发酵才能发挥出肥效，而后才能进入循环环节，如果我们将其进行糖化或者氨化处理，这些秸秆就能成为很好的饲料，并且可以增加畜产品的产量。后续可以用家畜的粪便培养食用菌，食用菌培养后的菌床又可以用来养蚯蚓，之后还可以将这些废弃物撒到田地中做肥料，这样就可以极大提高能量的转化率。

2. 青贮饲料

我们可以在无氧的条件下去生产青贮饲料，这个过程是由乳酸菌发酵形成的，青贮之后的秸秆会拥有更芳香的气味，也会更受牛羊等家畜的喜欢，还可以增加牛羊的产奶量。

以玉米为例，一般从每年9月中旬开始陆续进入收获期，这也是开展玉米秸秆青贮的黄金季节。下面结合实际，将玉米秸秆青贮方法介绍如下。

（1）青贮设施的准备

青贮的设施有很多，比如青贮壕、青贮池等，其中最为方便、常用的就是青贮池。这些青贮池应该建立在地势比较高、比较硬实的土地上，并且应该确保不透气、不漏水，青贮池的内部应该保持光滑平坦，底部应该高出地下水位0.5米以上，从而防止渗水，青贮池一般分为三种：地上、地下、半地下，对于华东地区，其地下水位比较低，采取半地下的方式比较

（2）收割时间的选择

将整株玉米进行青贮，其营养价值是最高的，青贮的最好时机是在玉米收割前的15—20天。在玉米成熟之后，应该接着收割秸秆，这样就可以保留更多的绿叶，如果收割的时间太晚，露天的堆放就会导致玉米植株的含糖量下降、水分丧失，甚至导致植株腐烂，这显然不利于青贮质量的提高。

（3）玉米秸秆的切碎

将玉米秸秆切碎的目的是为了保证无氧环境的生成，切的时候应该将其大小保持在2—3厘米，如果青贮池的规模比较小，就可以采取人工切碎的方式，但是如果青贮池的规模比较大，就需要采用切碎机了，因为人工切割的效率会很低，如果有条件的话可以将收割机直接开到玉米地里进行收割。

（4）玉米秸秆的填装

应该集中人力以及机具进行玉米秸秆的装填，这样就可以减少原料在空气中的暴露时间，装填的时候应该采用最快的速度，对于小型池一般应

该在一天之内完成，对于中型池应该在两三天内装填完毕，大型池也不应该超过 6 天。

在装填之前应该将青贮池打扫干净，在底部应该填充一层 10—15 厘米左右的软草，这样可以吸收上部回流下来的液汁。大型的青贮池一般从一边开始装填，装填的时候可以使用推土机从一端推向另一端，在青贮池内秸秆的高度应该超过池口 1 米左右。对于小型青贮池来说应该从下往上装填，每装 30 厘米就应该踩实一次，一直装到秸秆高于池口 70 厘米左右为止。对于青贮饲料应该保持适当的紧实度，让发酵之后秸秆的下沉不超过青贮池总深度的 10%。在装填秸秆的时候，可以在其中添加一定量的尿素与食盐，这样就能有效提高其营养价值。

（5）秸秆青贮的封池

等装填的秸秆距离池口 30 厘米左右的时候，就应该在池壁上铺上薄塑料膜预备封上青贮池。在青贮之前，如果玉米有很多绿叶，并且所含有的水分在 60% 的时候就可以不再加水；但是如果黄叶比较多时就应该加入一定量的水，需要一边加水一边加入原料。在青贮池装满之后，就应该用塑料薄膜盖好池顶，然后压上 20—30 厘米左右的湿土，让其形成馒头的形状，这样能够防止水分积聚。

（6）封池之后的管理

在封闭青贮池之后，应该在其四周挖好排水沟，防止雨水渗入。在青贮池封闭 5 天之后，池内秸秆就会开始发酵，青贮的材料会出现脱水、软化的现象，如果青贮池口出现塌陷，就应该及时对其进行培补，防止漏气。

（7）青贮饲料的取用

经过一个月之后，青贮池就会发酵完毕，此时就可以将池口打开了。一般而言，优质的青贮饲料呈现出青绿色，会带出一股酒香，甚至还可以看到秸秆茎叶上的细绒毛，这是牛羊等家畜的优质饲料。

取青贮饲料也是有技巧的，一般应该从池子的一端开始，按照一定的厚度从上面往下取，取的时候应该尽量避免泥土进入，不能从某处挖个洞往外掏青贮饲料，每天取用的青贮饲料应该以满足一天的需求为量，不能取出过多，取完饲料之后，应该马上封闭池口，防止饲料变质。

不同类型的秸秆营养价值的差异是很大的，秸秆的生产应该立足当地种植业的发展，还应该逐步提高秸秆饲料研究以及处理的技术，让青贮技术更为成熟。

从当前的情况来看，我国秸秆的养畜技术等已经比较成熟了，制约秸秆青贮的主要因素是资金，并且农业生产的布局也会对青贮产业的发展造成一定的影响。在实施退耕还林、保护天然林的山区，秸秆资源显然不够充足，相反，那些以发展农业为主的地区往往拥有较多的秸秆资源。国家可以建立一定的资金，扶持秸秆养畜工程的发展。同时应该重视畜禽场配套改造工程的建设，所扶持的对象可以是大中型的养殖场。

（二）畜禽粪便饲料化

人们在饲养大量的畜禽时会遇到大量的粪便需要处理的问题，这也是一个十分棘手的问题，它需要饲养人员合理处理才能减少污染，而畜禽粪便饲料化则是解决大量畜禽粪便的高效途径，它不仅能够减少污染，还能够把这些畜禽的粪便重新利用起来，是一种循环利用的方式。众所周知，畜禽的粪便中并不全是有营养的物质，它除了含有一定量的营养物质以外，它还含有较多的有害物质，其营养成分主要包括粗蛋白、脂肪等物质，其有害的成分主要包括重金属元素、农药的残留物以及气体硫化氢等物质，因而人们无法直接把畜禽的粪便当作饲料运用，人们需要采用一定的措施来把畜禽的粪便进行无害化处理，这样处理之后的粪便才能够重新用作畜禽的饲料。此外，还有一些畜禽的粪便中有一些潜在的致病细菌等，这些粪便是很危险的，需要相关人员进行高温杀菌等操作，经过这样处理的粪便才可以给畜禽再次使用。总而言之，人们在正常的喂养中给畜禽适量地使用经过无害化处理的畜禽粪便是可取的，也能够产生一定的经济效益，只是一定要控制好使用的量，以免畜禽发生中毒。需要强调的是，如果畜禽有了疾病，处于疾病的治疗期，那么这些畜禽的粪便是不建议再次使用。通常情况下，人们可以采用如下几种不同的方式来把畜禽的粪便饲料化：第一种方法就是直接利用法，第二种方法就是干燥法，第三种方法就是青贮法，第四种方法就是发酵法，第五种方法就是分解法，此外人们还可以在具体的实践中运用化学法等处理方式。

1. 直接利用法

采用直接利用法把畜禽的粪便直接作为饲料，主要就是指人们直接利用鸡粪作为一些常见的反刍牲畜的饲料。人们之所以这样利用的主要原因在于，鸡禽的身体构造很特别，鸡的消化道比较短，因而鸡吃进去的食物在体内的消化时间非常短，只有短短的四个小时，由此可见，鸡粪中有很多的营养物质都没有被鸡消化和吸收，鸡粪中就含有了大量没有被鸡禽吸收的营养物质，如大量的粗蛋白物质、粗纤维以及多种不同种类的氨基酸等，鸡粪中氨基酸的种类和含量和玉米等农作物中的很相近，由此可见，鸡粪中还有大量的营养物质可以被其他牲畜使用。非蛋白氮在牛羊等反刍家畜的瘤胃中经微生物分解，合成菌体蛋内，然后再被消化吸收。因此，在实践操作中，人们可以使用一部分鸡粪作为牛、猪等牲畜的精饲料，然而这种直接利用法也存在一定急需解决的问题，如人们在牛、猪等牲畜饲料中添加鸡粪的比例等都需要进一步探索。除此之外，鸡粪中的物质成分比较复杂，它除了含有大量的营养物质外，它还含有一些致病菌以及寄生虫等，这也很容易引起牛以及猪等牲畜的交叉感染，所以这种方法并没有得到大面积的推广，所以建议人们在运用直接利用法之前需要对鸡粪做适当的杀菌处理，如使用福尔马林溶液等。

2. 干燥法

人们在处理鸡粪时使用最频繁的方法就是干燥法，这种方法的优势是对畜禽等动物的粪便处理效率很高，能够尽量保存粪便中的有用物质，同时这种方法使用的设备不是很大型，投资的成本比较低，经过干燥法处理的粪便最终可以制成含有高蛋白的饲料。这种方法不仅可以有效地除去粪便中的异味，还能杀死粪便中的细菌等微生物，可以使饲料达到相关单位的要求。然而在夏季时，由于气温比较高，很多鸡粪即使经过了除臭的处理依然会有比较大的臭味，使干燥法在夏季的推广受限。不过目前我国的科学家正在研究新的除去粪便中异味的方法，如向鸡粪中加入光合细菌等。

3. 青贮法

一般情况下，禽畜的粪便中只含有比较少量的碳水化合物，因而禽畜的粪便不适合单独青贮，这就要求相关的处理人员把禽畜的粪便和一些禾本科青饲料共同进行青贮，提升青贮的质量和品质。青贮法的优点十分突出。第一，它可以在处理的过程中减少粪便中粗蛋白的损失。第二，它还可以在转换的过程中把一些物质转换为蛋白质，提升蛋白质的含量。第三，这种方法的杀菌效果显著，能够杀灭大部分的微生物等。需要注意的是，人们在运用青贮法大量处理畜禽的粪便时一定要控制好青贮饲料的水分，其科学合理的水分含量大约为40%至70%，同时要调节好青贮容器的环境，使其保持一种厌氧无菌的环境。

4. 发酵法

所谓发酵法就是指人们利用一些厌氧或者兼性的微生物来处理畜禽的粪便，并将这些粪便转化成营养成分比较好的畜禽饲料。实际上，发酵法的核心技术就是厌氧固氮发酵技术。截至目前，我国的这种发酵技术已经发展得比较成熟，并在一定的范围内推广使用。在生活实践中，人们经常使用厌氧微生物发酵技术把家禽的粪便处理成为牛以及猪等动物的饲料。

5. 分解法

分解法是指向畜禽的粪便中添加一些优质的蝇以及蚯蚓等小动物来帮助分解畜禽的粪便。这种方法也具有显著的优点，不仅能够为分解的饲料添加一定量的动物蛋白，它还能够把粪便分解为营养物质。此外，这种方式还能够产生较大的经济效益和一定的生态效益。众所周知，蚯蚓以及蝇蛆等小动物本身就是一种高蛋白的饲料，很多动物饲养中饲养员都会直接向动物投放这些小动物作为饲料。然而这种方法在推广中也有一定的困难，那就是它对温度的要求比较严格，这使很多养殖场难以达到要求。因而人们可以采取提升技术的方式来解决这些现实的问题，如运用笼养技术，同时利用太阳能热水器来控制水温等。

（1）加工程序

①收集废物并进行初步处理

第一步，到相关的养殖场里面收集禽畜的粪便，需要根据实际的情况选择不同的收集方式，如果养殖场的规模比较小，则可以采用人工收集的方式，如果养殖场的规模比较大，则可以采用机械收集的方式；第二步，采用一定的方法对这些粪便进行初步处理，主要是去除粪便（废物）里面的颗粒物，如小石子以及玻璃渣子等。这一步骤虽然比较简单，但是却具有很重要的意义，即避免这些颗粒物损害加工的器械。

②发酵

向那些经过初步简单处理的畜禽粪便中加入一定量的基础饲料以及发酵用的菌种，人们根据不同的需求选择使用不同的菌种，如酵母菌等。然后使用不同型号的搅拌器来搅拌这些混合物，使畜禽的排泄物能够和菌种充分混合和接触。当搅拌均匀之后，把这些混合物放入密封处理的发酵塔里开始厌氧发酵。需要强调的是，人们一定要采取各种措施来保证发酵塔处于一种密封没有氧气的环境，否则就会严重影响发酵的效果。通常情况下，发酵大约需要 48 个小时左右的时间。

③发酵后处理

当发酵完毕之后，人们需要把已经发酵的物料从发酵塔里转移出来，根据不同需求制成不同的饲料。然后对饲料进行包装以及运输等处理。如果企业的养殖规模非常大，需要使用发酵法处理大量的畜禽粪便，那么企业就可以根据实际情况多安装几个发酵塔，从而提升处理的效率。

（2）技术优点

在传统的方法中，人们习惯于使用一整套的机械设备来处理畜禽的排泄物，然而使用厌氧同氮微生物发酵技术也具有很明显的优势，其具体体现在如下几个方面：

第一，利用该技术处理和加工形成的饲料的质量比较高；第二，采用这种饲料喂养牲畜能够取得较好的效果；第三，这种技术在使用过程中占地小，成本不是很高；第四，这种技术对大气的污染程度比较低。

第四节　有机产业与生态文明建设实践

一、四川省西充县

西充县是川东北丘区典型的农业县。地处嘉陵江与涪江脊骨地带的特殊方位，决定了其"十年九旱"。这里自然资源匮乏，因以酸菜红薯作为主食，一直被戏称为"苕国"，农产品"优而不多、多而不优"致使群众收入水平低，经济发展滞后，民生问题突出，各类矛盾交织，曾一度处于举步维艰的发展困境。2007年，该县在四川省68个丘区类区县综合实力评比中居于末位。

2008年西充县决策者把握发展规律，顺应发展潮流，抢占有机产业发展制高点，遵循自然规律和生态学原理，促进经济效益、生态效益和社会效益相统一；投入上以多元化为基调，实行政府投入为导向、业主投入为主体、社会投入为补充；产业上始终围绕基地建设与有机食品认证对接，促进有机产业集中连片种养、规模发展；程序上坚持先易后难和由点及面，筛选适合有机农业生产的项目优先发展。

全县以建设全国首批国家现代农业示范区为契机，在最近几年的时间里整合了很多涉及农业的项目，如标准农田、退耕还林项目等。最后完成了田地调型20万亩，常林万亩有机特色产业园、凤鸣万亩有机循环农业园、义青观万亩有机粮油产业园等特色基地亮点纷呈，百里有机循环农业示范带气势磅礴。

全力实施生态环境保护、生态污染防治、生态产业开发、生态文明培育四大工程，通过多种生态项目，积极推行城乡环境综合治理，在全省率先推行乡镇场镇污水湿地处理模式，完成乡镇污水处理设施改造，全面取缔肥水养鱼，县域生态环境得到极大改善。森林覆盖率达43%。治理水土流失450平方公里，建成青龙湖国家湿地公园、百福寺森林公园、化凤山森林公园等特色景区，荣获"全国生态文明示范工程试点县""全国生态保护和建设示范区""全国绿化模范县""国家清洁生产示范县""中国低碳经济示范县"等诸多殊荣。

二、山东省潍坊市峡山生态经济发展区

有机农业的发展有效推进了峡山生态文明建设，为峡山带来了巨大的生态效益、经济效益和社会效益。2015年4月22日，获批全省首个省级生态经济开发区。先后被批准为国家可持续发展实验区、国家有机产品认证示范创建区、国家级水利风景区、国家湿地公园试点、国家级潍水文化生态保护实验区的核心区，拥有5块"国"字号牌子；被评为"山东省生态工业和循环经济示范区""省级生态旅游示范区""好客山东最美风景县"；《峡山区乡村旅游发展规划》、峡山潍河省级湿地公园获批；潍河水上乐园和水中央公园分别获批3A级和2A级旅游景点，两个景区获批"山东省自驾游示范点"；峡山湖被列入国家《水质较好湖泊生态环境保护总体规划》，峡山国际乡野马拉松邀请赛晋升为国家级体育赛事。

通过大力发展相关的有机产业，污染防治取得了一定的成效，全区的生态环境质量得到较大的改善，峡山的水库水更加洁净，全区的空气质量排在全市的第一，总分99.07分，高出第二名3.7个百分点。同时，与东北亚开发研究院产经所、北京东亚汇智经济咨询中心联合成立了峡山生态文明建设研究院，并发布生态文明建设指标体系，聘请北京大学城市与环境学院编制了《峡山生态文明示范区建设规划（2013—2030年）》，走在了全国示范区的前列。

三、江西省万载县

万载县是个以低山、丘陵为主的农业县。境内地貌多样，岭谷相间，山川毓秀，土地肥沃，植被完好，属低山丘陵地带，亚热带湿润气候，具有气候温暖、四季分明、雨量充沛、资源丰富、无污染等得天独厚的自然条件。森林覆盖率高，境内有海拔 800 米以上山峰 36 座，主要江河可以概括为"三江两河十八水"，有 30 个省级自然保护区。无论地表水、地下水和水能蕴藏量均较丰富，水质达到一类水标准，地下水可直接饮用。万载县属亚热带湿润气候，年平均气温在 14.7℃—17.4℃之间，年降水量 1600 毫米左右，年平均日照时数为 1693.2 小时。

万载县有 8 个乡（镇）48 个村进行有机农业生产，有机农业生产面积 31 万亩，其中有机耕地面积 8.9 万亩，野生采集面积 22.1 万亩。全县有 5 万亩有机水稻生产基地，3 万亩有机蔬菜生产基地和 10 万亩高效油茶林生产基地。有机水稻、木姜、毛豆、草莓、百合、小葱、紫山药、茶油、南酸枣等 38 个品种，通过欧盟标准、美国标准的有机认证，获得了进入国际市场的通行证，万载县已成为江南最大的有机水稻、有机木姜、有机小葱生产基地。有机生产基地扩大了，全县化学肥料、化学农药的使用量大大减少了，对土壤、水体、空气的污染大大降低了，全县生态环境优美了。

第四章　政府审计

第一节　政府审计的起源与演进

迄今为止，世界上已有160多个国家建立了适合各自国情的审计组织体系，一般包括国家审计机关、内部审计组织和民间审计组织，它们开展的审计分别称为政府审计、内部审计和民间审计。综观世界各国审计的产生过程，一般表现为政府审计的产生要远远早于现代内部审计和民间审计，因此，研究政府审计的产生和发展的动因，有利于正确理解审计的本质，进而有利于解决审计的其他理论问题。

一、受托经济责任

关于审计产生和发展的动因，理论界有许多观点，如代理理论、信息理论、保险理论、受托经济责任理论、冲突理论等。我们赞同受托经济责任理论的观点，理由是：第一，受托经济责任理论与政府审计的本质——"独立的经济监督理论"相符合；第二，受托经济责任理论适合解释政府审计产生和发展的动因，其他理论更适合于解释民间审计组织开展的财务报表审计产生和发展的动因；第三，政府审计产生和发展的历史证明，审计因受托经济责任的产生而产生，并伴随着受托经济责任的发展而发展。

（一）受托经济责任是政府审计产生的基础

受托经济责任因财产的所有权和经营权分离而产生，当财产的所有权和经营权分离时，经营者（受托方）需要通过书面文件向所有者（委托方）报告其行为过程和结果。而经营者所提供的证实受托责任的书面文件是否真实可靠，客观上存在着委托人对受托人提供的书面文件及其反映的经营活动实施监督的需要。这是因为，委托人与受托人存在潜在的利害冲突，如果没有委托人的监督，就存在受托人可能为了追求自身利益的最大化，而不惜牺牲委托人利益的情况。然而由于受托经济责任的复杂性、委托人的自身能力及监督成本的限制，委托人不能或无法亲自监督受托人的活动，委托人需要委托独立于自己和受托人之外的第三者，对受托人提供的书面文件及其反映的经营活动实施监督，这就是审计。

受托经济责任是政府审计产生的基础，这一点可以从审计史学家理查德·布郎和著名会计学家钱伯斯的解释中得到印证。理查德·布朗指出："审计的起源可追溯到与会计起源相距不远的时代……当文明的发展产生了需要某人受托管理他人财产的时候，显然就要求对前者的诚实性进行某种检查。"会计学家钱伯斯指出："各种受托经济责任，包括社会的、道德的、技术的等，只有在某种活动方式存在时才能存在。"英国学者戴维·费林特也曾指出："作为一种似乎普遍的真理，凡存在审计的地方必存在一种受托责任关系，受托责任关系是审计存在的重要条件，审计是一种确保受托经济责任得以有效履行的社会控制机制。"

在原始社会，社会生产力低下，人们共同劳动，平均分配，没有阶级和剥削，资产的所有者和管理者并没有明确区分，不存在为他人管理、经营资财的责任关系，审计的产生也缺乏条件。进入奴隶社会阶段，国王将其拥有的土地、人口、财产等委托地方大臣或官员管理和经营，国王与地方大臣或官员之间就产生了受托经济责任关系，国王为了确保地方官员或管家诚实经营、认真履责，保护财产物资的安全完整和合法使用，需要委托那些有知识和专长的官员对地方官员的管理活动和经营活动进行检查、评价，政府审计正是在这种受托经济责任关系产生后，为明确或解除地方官员的经济责任而产生的。

（二）受托经济责任是政府审计发展的动因

受托经济责任是一个动态的概念，受托经济责任的类型随着委托人要求的变动而不断变动，对不同类型经济责任的审计，形成了不同类型的政府审计。从这一角度看，受托经济责任是政府审计发展的动因。

在奴隶社会和封建社会，政府审计主要是最高统治者委托审计机关对地方官员管辖范围内财政收支的合法性、真实性实施审计，由此形成了财政收支审计。在资本主义社会，政府及公营企业事业单位受托代管经营社会公共资源，审计机关受立法机关的委托，对政府及公营企业事业单位受托经济责任的履行情况实施审计，此时委托人不仅要求受托人合法经营，而且要做到合理有效履职，即受托人要按照经济性、效率性和效果性的原则使用和管理受托资产，由此产生了管理审计、经营审计和绩效审计。

我国正在坚定不移地走中国特色社会主义道路，努力加强民主法制建设，构建和谐社会，基于这一目标，政府、国有企事业单位及国有控股单位承担的受托经济责任的内容更加广泛，这些受托经济责任包括：使受托管理的社会经济资源保值增值的责任，对受托管理的社会经济资源合法经营的责任，使国有企事业单位及国有控股单位建立健全内部控制并确保内部控制有效运行的责任，按照经济性、效率性和效果性的原则使用和管理公共资源的责任等，由此产生了财政审计、财务审计、政府绩效审计等。国家机关和国有企事业单位的负责人因为受托管理社会公共资源和国有资产，对社会公众或纳税人应承担有公共受托经济责任，即国家机关和国有企事业单位的负责人，对其任职期间所在地区、部门或单位的财政收支、财务收支以及有关经济活动的真实性、合法性和效益性负责。为了验证这种责任的完成情况，为了实现合理的授权与分权，加强干部队伍的廉政建设，在我国还存在独具中国特色的领导干部任期经济责任审计。

二、中国政府审计的演进

依据政府审计机构所从属的社会制度不同，我国政府审计的历史可以划分为古代政府审计、近现代政府审计两个历史时期。

（一）古代政府审计

我国古代政府审计从西周至清朝末年，占据中国三千年政府审计历史的绝大部分。它植根于我国的奴隶、封建政治制度的土壤，具有鲜明的历史特征。古代政府审计的特征是适应君主、皇帝专制统治的需要，代表君主、皇帝对各级官吏进行监督，以维护王权、皇权，强化中央集权的专制统治为目标。根据不同时期政府审计的主流形式和历史发展形态，我国古代政府审计可以分为官计审计、上计审计、比部审计、三司与审计司（院）审计以及科道审计五个阶段。

西周时期是我国政府审计的产生阶段，其主要标志是履行审计之责的"宰夫"官职的设置。当时周王是奴隶阶级的最高统治者，其下设天、地、春、夏、秋、冬六官，以地官为首的大司徒系统，负责掌管财政收入，负责钱粮税赋的征收及入库工作。以天官为首的冢宰系统，负责掌管财政支出，天官之下设置中大夫小宰、司会，中大夫小宰掌管财务，司会掌管会计。中大夫小宰之下设天府、宰夫之职，天府掌管国库，宰夫掌管审计。《周礼》记载宰夫行使"考其出入，以定刑赏"之权，宰夫司职百官及地方的业绩、政绩的审查工作，并将审查结果向冢宰或直接向周王报告，以决定对朝廷百官及地方官员的奖惩。从宰夫的工作来看，其独立于财计部门之外，具有审计的性质，是我国政府审计的起源，也称古代官计审计。

秦汉时期是我国政府审计的确立阶段，其主要标志是"上计"制度的推行和法律确认。所谓"上计"，就是皇帝亲自参加听取和审核各级地方官吏的财政会计报告，以决定赏罚的制度。这种制度始于周朝，至秦汉时期日趋完善。秦朝，中央设"三公""九卿"辅佐政务，御史大夫为"三公"之一，主持上计，掌管全国的民政、财政以及财粮的审计事项。汉承秦制，仍由御史大夫兼上计的职责，行使监督审计大权。汉朝制定有《上计律》，使上计制度有法可依，是我国审计立法的开始。这一时期，御史大夫行使审计职权，审计的地位和权威都有所提高，但还未设有专门的审计机构，因为御史大夫行使的监督权涉及政治、经济、军事等各个方面，具有一揽子监督的性质。

隋唐时期是我国政府审计的鼎盛阶段，其主要标志是"比部"审计体制的健全和完善。隋朝将始于魏晋时期的"比部"（"比"有考核审查之意）设置于都官或刑部之下，掌管国家财计监督，行使审计职权且具有司法监督的性质。唐朝设三省六部，六部之中的刑部掌天下律令、刑法等政令，比部仍设置于刑部之下，凡国家财计、军政内外，均施以钩稽，进行考核审理。唐代的比部审查范围极广、项目众多，而且具有很强的独立性和较高的权威性。比部审计之权通达国家财经各领域，而且一直下伸到州、县。此外，唐朝还建立了一些审计制度，规定了审计程序、送审时间和审计处理要求，尤其是制定了考核官员的标准。这一时期，我国有了专门的审计机构——比部，隶属于刑部，具有审计职权和司法性质，制定了审计制度。所以说，隋唐时期是我国政府审计的鼎盛阶段，也居当时世界领先水平。

宋朝时期的政府审计工作先后由附属于三司（户部、度支、盐铁）的内部审计机构、"审计院""审计司"等机构负责，这一时期的审计也称三司与审计司（院）审计。宋朝初年，设有户部、度支、盐铁三个主管财政的部门，各部门内设众多审计机构，如都磨勘司、都凭由司等，负责审核三司账籍，验证收支是否正确，都磨勘司履行的实际是内部审计工作。由于没有专职的政府审计机构，致使宋初一度财计混乱。宋元丰改制（公元1078年至1085年），废除三司，恢复了唐朝的财计官制，实现了财审分离，审计重归刑部下的比部，比部掌管中央及各地的账簿审计之事。南宋高宗建炎元年（公元1127年）在太府寺中设"审计司"，南宋初年出现审计院的设置，专职审查财政收支。宋审计司（院）的建立，是我国对"审计"的正式命名，从此，"审计"一词便成为财政监督的专用名词，对后世中外审计建制具有深远的影响。

元明清时期以科道审计为主，监察机关集监察与审计职权于一身，形成了高度集权、机构庞大、制约严密的强有力的监察体系。元代取消比部，户部兼管会计报告的审核，户部设参政左右两司，下设七科，其中第四科"置计"是专门的审计机构，掌管对左、右参政司的钱粮税赋等的审计工作。明初设比部，不久即取消，洪武十五年设置"督查院"，设"左右都御史"，审查中央财计。下设十三道监察御史，对十三个地方行政区实行监察职责，形成了一个独立的监察系统。清袭明制，仍设"都察院"为中央最高监察机关，并在全国设十三道监察御史"都察院"，还设六科给事中，分管吏、户、礼、兵、刑、工六部的监察工作。无论是六科给事中，还是科道官，都负有财政经济监察的职权。尽管明清时期的都察院制度有所加强，但其行使审计职能，却具有一揽子性质。由于取消了比部这样的独立审计组织，其财计监督和政府审计职能严重削弱，与唐代行使司法审计监督职能的比部相比，后退了一大步。

（二）近现代政府审计

1. 中华人民共和国成立以前的审计

1911年孙中山领导的辛亥革命，推翻了清王朝的封建统治，建立了中华民国。政府审计不再服务于王权和皇权的统治，开始步入近代政府审计时期。1912年在南京成立的中华民国临时政府制定了《中华民国临时约法》，规定实行国家预决算制度，为建立审计监督制度奠定了基础。民国政府初期设立了临时审计机关——审计处，隶属于国务院。

2. 中华人民共和国成立以后的审计（自1949年至今）

1949年中华人民共和国成立到改革开放以来，我国由行业主管部门对所属单位进行不定期的会计检查，对财政、银行、税务进行业务监督。党的十一届三中全会以来，党和政府把工作重点转移到经济建设上来，并意识到实行审计监督是加强宏观经济调控不可或缺的一项制度安排。1982 年修改后的《宪法》规定设立审计署，随后我国于 1983 年 9 月在国务院设立了审计署，在县以上各级人民政府设置各级审计机关。从此我国政府审计工作的开展有了法律的保障，政府审计工作呈现出蓬勃发展的良好态势。之后，我国政府审计的法规体系开始建立和完善，1994 年 8 月颁布的《中华人民共和国审计法》（以下简称《审计法》）规定了政府审计监督的基本原则、审计机关和审计人员、审计机关的职责和权限、审计程序和法律责任等，使我国政府审计正式步入法制化轨道。1996 年到 2004 年，审计署发布了包括《中华人民共和国国家审计基本准则》在内的 28 项准则类、业务类和管理类规范，为政府审计机关开展审计工作和审计管理提供了可供遵循的技术规范。为了适应变化了的政府审计环境，2006 年新修订了《审计法》，2010 年 2 月修订通过了《中华人民共和国审计法实施条例》（以下简称《审计法实施条例》），2010 年发布了《中华人民共和国国家审计准则》（以下简称《国家审计准则》）取代原来颁布的 28 项准则类、业务类和管理类规范。这一时期政府审计的特点是建立了完善的政府审计组织体系，制定了具有中国特色的社会主义政府审计法规体系，除传统审计业务外，还开展了经济责任审计、经济效益审计、绩效审计、环境审计等新型审计业务。

三、国外政府审计的沿革

国外政府审计的发展历史依据所依存的社会制度不同，也可划分为古代政府审计、近现代政府审计两个历史时期。

（一）古代政府审计

国外古代政府审计从公元前 3000 多年前的古埃及到 17 世纪后半期资本主义制度确立。这一时期的政府审计存在于奴隶社会和封建社会，以维护王权和皇权统治为目标。

据史料记载，早在奴隶制度下的古埃及、古罗马和古希腊时代已有了官厅审计机构。如在约公元前 3000 年的古埃及，政府机构中设置监督官，行使审查监督权。会计官员的收支记录、各级官吏是否尽职守法，均置于监督官的严格监督之下。公元前6世纪古希腊的雅典，由选举产生的执政官通过抽签组成审计机构，对卸任官员任期内的会计账簿进行审查，通过审计证明其没有贪污、行贿之后，方可离职，否则交人民大会裁决。公元前3世纪的古罗马，在元老院下设审计机构，对即将卸任的官员进行审计，检查他们在任期内是否很好地履行了所承担的经济责任，并进行相应的奖惩。当时，审计方法主要是"项目听证会"，Audit一词就是从拉丁文 Auditus（听证会）演变而来的。

在中世纪西方国家的封建王朝中大多设置审计机构和审计官员，对国家财政收支进行审计。英国亨利一世（公元1100—1135）为巩固专制王权，在财政部内设上下两院，下院为收支局，上院为收支监督局，实施王权审计，审计机构没有独立性。公元1256年法王路易九世颁布法令，规定各城市的官员在圣马丁节（11月11日）以前，携带其所辖城市的年度收支账目来巴黎接受王室审计官的审计。德国威廉一世创建了独立于行政部门的"总会计院"，后称"最高审计院"，负责审计国家的财政收支，并将审查结果和建议报告给国王。国外古代政府审计无论是组织机构，还是方法，均还处于很不完善的初始阶段。

（二）近现代政府审计

在资本主义时期，随着资本主义国家经济的发展和资本主义制度的确立，政府审计也有了进一步的发展。西方实行立法、行政、司法三权分立，议会为国家最高立法机关，并对政府行使包括财政监督在内的监督权。为监督政府的财政收支，保护公共资金的安全和合理使用，大多在议会下设有专门的审计机构，由议会或国会授权对政府及其各部门的财政、财务收支进行独立的审计监督。例如，美国于1921年成立审计总署；另外，英国的国家审计总署、加拿大的审计公署、西班牙的审计法院等，都是隶属于国家立法部门的独立审计机关，其审计结果向议会报告，享有独立的审计监督权。除隶属立法机关的审计机关外，世界各国根据自己的国情设置本国的审计机关，如隶属于司法系统的法国审计法院，隶属于政府的瑞士联邦审计局，既不隶属于司法又不隶属于政府而直接对天皇负责的日本的会计检查院等。无论是哪种形式的政府审计机关，都应保证审计机关拥有独立性和权威性，不受干扰，客观、公正地行使审计监督权。

第二节　政府审计概述

一、政府审计的含义

综观古今中外，被称为"审计"的社会活动，其表现形态可谓千姿百态，迥然不同。因此，针对"审计"的解释也是众说纷纭，各抒己见。尤其是我国理论界对"审计"含义的解释更多地是站在注册会计师财务报表审计的角度探讨"审计"的含义，对"政府审计"的含义鲜有论及，也未形成公认的观点。由于政府审计含义在政府审计概念体系中具有非常重要的位置，因此有必要准确地解释政府审计的含义。1974 年版《大英百科全书》指出："审计是指由原负责编制账表的会计以外的会计专家，对企业活动、账册和报表所进行的检查。"

1972 年美国会计学会（AAA）在颁布《基本审计概念说明》的公告中，把审计描述为："为确定关于经济行为及经济现象的结论和所制定的标准之间的一致程度，并对与这种结论有关的证据进行客观收集、评定，将结果传达给利害关系人的有组织的过程。"

1989 年中国审计学会在一次审计理论研讨会上，将审计的概念表述为："审计是由独立的专职机构或人员，依法对被审计单位的财政、财务收支及其有关经济活动的真实性、合法性、效益性进行审查，评价经济责任，用于维护财经法纪，改善经营管理，提高经济效益，促进宏观调控的独立性经济监督活动。"该定义认为政府审计的本质是具有独立性的经济监督活动。

1994 年管锦康在其所著的《现代审计学原理》中指出："审计是资源资产的拥有者或主管者，授权或委托专门机构或人员，对于资源资产经营管理人承担或履行的经济责任，即由此而引起的经济活动真实性、合法性、效益性进行审查，并向授权人或委托人提出报告，以维护授权人或委托人权益的具有独立性的监督活动。"

2010 年《中华人民共和国审计法实施条例》第二条规定："审计法所称审计，是指审计机关独立检查被审计单位的会计凭证、会计账簿、财务会计报告以及其他与财政收支、财务收支有关的资料和资产，监督财政收支、财务收支真实、合法和效益的行为。"

上述定义中，前两个定义分别认为政府审计的本质是查账和方法过程，两者均解释的是审计的现象，而非实质，虽然容易理解和接受，但没有触及审计的本质，不利于说明审计的其他概念，如审计关系、审计对象、审计目标、审计职能等，也不能更好地解释政府审计组织开展的新型审计，如经济责任审计、绩效审计、环境审计等。后三个定义均认同审计的本质是经济监督活动，体现了审计主体和被审计单位、审计对象和审计目标等。本书依据政府审计产生和发展的动因，结合我国政府审计的审计法律法规，考虑审计实务，借鉴后三个定义，提出政府审计的含义如下：

政府审计是指审计机关依法对受托人的财政、财务收支及其有关经济活动以及反映它们的会计资料和其他相关资料的真实性、合法性、效益性进行监督、评价和鉴证，以解除受托人经济责任为最终目的的独立性经济监督活动。

具体来说，应从以下几个方面来理解政府审计的含义。

（一）政府审计的本质

随着社会经济的发展和国家的产生，公共资源财产的所有权和经营权分离也随之出现，所有者与经营者之间就产生了受托经济责任。经营者必须如实向所有者报告受托经济责任的履行情况，并接受监督，这样在客观上提出了经济监督的要求。由于监督范围的广泛性和监督的专业性，所有者没有能力对经营者的受托经济责任进行监督，需要委托独立于所有者与经营者之外的第三者（即审计机构）实施监督。审计产生后，无论受托经济责任如何变化，都不能改变审计是对受托经济责任进行监督的性质。从这个意义上讲，政府审计是一种经济监督活动。

政府审计属于经济监督，区分政府审计与其他经济监督的关键是政府审计的独立性。在任何一个国家，为了确保国民经济的正常运行，都设有不同的经济监督部门，在不同的领域行使监督职责，如审计、统计、计划、财政、金融、工商行政、税务等监督。审计监督的最主要特点在于其独立性，审计机关独立于被监督部门，专门从事经济监督活动。而其他监督部门的主要职责是行使该部门的经济管理之责，监督是结合自身的管理工作进行的。

（二）政府审计的主体

政府审计的主体是审计行为的执行者，回答谁来审的问题。在我国履行政府审计职责的是国家审计署和县级以上人民政府设立的地方审计机关。为了保障审计机关能够客观公正地开展审计工作，监督受托人认真履行受托经济责任，做出正确的审计结论，审计机关必须做到组织上、人员上、工作上和经济上的独立。组织上的独立性要求政府审计机关必须独立设置，与被审计单位没有隶属关系，也不依附、挂靠任何其他部门和单位。人员上的独立性要求政府审计机关配备专职工作人员，依法独立行使审计监督权，不受任何机构和个人的干涉，与委托人和被审计单位没有利益上的关系。工作上的独立性要求审计机关和人员根据国家相关法律法规赋予的审计权限，不受他人的干涉或影响，独立执行审计工作任务，客观做出审计结论，提出审计报告。经济上的独立性是指审计机关和人员在执行审计任务时，有一定的经费保障，或有合法的经济收入，不受被审计单位的制约，以保证独立地开展审计工作。

（三）政府审计的对象

政府审计的对象是指政府审计活动的作用对象，包括政府审计的范围和政府审计的内容。政府审计的范围是指受托人的组成内容，即被审计单位的组成内容。我国政府审计的范围包括：国务院各部门和地方各级人民政府及其所属各部门，中央银行和国有金融机构，国有企事业单位，国有资本占控股地位或者主导地位的企业和金融机构，国家投资或以国家投资为主的建设项目，国外贷援款项目，使用公共资金的其他单位等。政府审计的内容是指受托经济责任，被审计单位使用公共资金，履行的是公共受托责任，政府审计机关受社会公众的委托对使用公共资金部门的受托经济责任实施审计。具体来说，政府审计的内容体现为实质和现象两个方面，就实质而言，是指被审计单位的财政收支、财务收支及有关的其他经济活动；就现象而言，是指反映被审计单位的财政收支、财务收支及有关的其他经济活动的会计凭证、账簿和报表等会计资料以及其他反映财政收支、财务收支及有关的其他经济活动的载体，如计划、预算、统计等资料。

（四）政府审计的职能

审计的职能是指审计本身所固有的内在的功能，是满足社会需求的能力。审计的职能回答的是审计是干什么的问题，审计的职能决定了审计的职责。政府审计具有经济监督、经济评价和经济鉴证多重职能。

经济监督是指通过监察和督促被审计单位的经济活动、管理行为在规定的范围内，沿着正常的轨道运行，不发生偏离行为。政府审计产生和发展的历史，告诉我们什么时候审计机关享有充分的独立性和权威性，审计发挥的监督作用就大，审计的效果就好；反之，审计监督就会流于形式。我国《宪法》规定国家设立审计机关，《审计法》也规定了政府审计的职责和权限。因此，政府审计的经济监督权力明显大于内部审计和社会审计。我国政府审计机关开展的财政财务审计、财经法纪审计都体现了审计的经济监督职能。

经济评价是指按照一定的标准，通过审核检查，评定被审计单位的经济决策、计划、预算和方案是否先进可行，经济活动是否按既定的决策和目标进行，经济效益是高是低，内部控制和内部管理是否健全、有效等，从而有针对性地提出意见和建议。在我国开展的对党政干部和企业法人的经济责任审计和对国有企业的经济效益审计主要行使的是政府审计的评价职能。

经济鉴证是指通过对被审计单位的经济活动和有关经济资料及其所反映的财务收支和有关经济活动的真实性、合法性、效益性进行检查，确定其可信赖的程度，并做出书面证明，以取得社会公众或代表社会公众利益的权力机关的信任。

（五）政府审计的目标

政府审计的目的是审计工作所要达到的理想境地和希望境界，是审计的动因和归宿，属于理论层次。政府审计的目标不同于审计的目的，是审计目的的具体化，属于实践层次。依据"受托经济责任理论"，政府审计的目的应该是评价受托责任的履行情况。审计目的的具体化表现为审计目标，依据《审计法》第二条的规定，政府审计的目标有三个：真实性、合法性和效益性。

真实性目标是指，审计机关审查被审计事项的真实性，确定财政财务收支活动是否真实存在、是否已经发生、有无虚假舞弊行为，各种信息是否客观、真实地反映了实际的财政、财务收支状况和经营成果，政府各项经济责任是否如实履行，向社会公众公布信息是否真实无误。合法性目标指审计机关审查被审计事项的合法性，确定各项财政、财务收支活动是否合乎法律和规章制度的规定，如会计处理是否遵循了会计准则和相关会计制度。效益性是指审计机关审查被审计事项的效益性，效益性包括经济性、效率性、效果性。其中，经济性是指经营行为要符合节约原则，一项经营活动，在保证质量的前提下，将其资源的消耗量降到最低水平；效率性是指经营产品、服务等要做到以一定的投入实现最大的产出，或实现一定的产出使用最小的投入；效果性是指计划、预算和经营目标的实现程度，是将一项活动的实际效果与具体效果相比较，衡量其实现的程度。

不同时期，人们对审计的要求不同，审计的目标也不同。从历史发展的角度分析，审计的目标是在不断发展、不断丰富和不断完善的。审计初期，人们要求财政财务收支活动真实、合法，政府审计的目标就是审查财政财务收支的真实性和合法性。随着社会的进步，民主的发展，人们不仅要求财政财务收支活动真实、合法，而且要求做到有效益，政府审计的目标应该是审查财政财务收支的真实性、合法性和效益性。我国现阶段政府审计的目标依然是以真实性、合法性为主，将来向真实性、合法性和效益性并重的方向发展。

从上述分析可以看出，政府审计的本质是独立性的监督活动；审计主体是审计署和各级地方审计机关；审计的对象是被审计单位的财政收支、财务收支及有关的其他经济活动和会计凭证、账簿和报表等会计资料以及其他载体；审计的职能是经济监督、经济评价和经济鉴证；审计的目标是保证财政收支、财务收支及有关的其他经济活动的真实性、合法性和效益性。

二、政府审计的分类

政府审计的分类是对政府审计按照不同的标准进行的分类，对审计进行恰当的分类，既有助于加深对审计的认识，又有助于审计组织和审计人员根据不同种类的审计，采取适当的审计程序和方法，收到事半功倍的效果。一般地，按审计内容进行的分类称为审计的基本分类，基本分类是对审计含义的进一步解释或延伸；按审计内容以外的其他分类标准进行的分类属于审计的其他分类。

（一）政府审计的基本分类

政府审计按审计的内容和目的分类，可划分为财政审计、财务审计、政府绩效审计、经济责任审计和专项审计调查。

财政审计是指，审计机关根据国家法律和行政法规的规定，对本级财政预算执行情况和下级政府财政预算的执行情况和决算，以及预算外资金的管理和使用情况的真实性、合法性和效益性进行的审计。财政审计的内容是财政收支活动和反映它们的会计资料及其他相关资料；审计的目的是审查被审计单位财政收支活动和反映它们的会计资料及其他相关资料的真实性、合法性和效益性。根据我国现行的财政管理体制和审计机关的组织体系，财政审计主要包括本级政府预算执行审计、下级政府预算执行和决算审计以及其他财政审计。

财务审计是指，审计机关对被审计单位的财政财务收支活动和反映它们的会计资料及其他相关资料的真实性、合法性和效益性进行的审计。财务审计的内容是被审计单位财务收支活动和反映它们的会计资料及其他相关资料；审计的目的是审查被审计单位财务收支活动和反映它们的会计资料及其他相关资料的真实性、合法性和效益性。财务审计按审计的客体又可划分为金融审计、行政事业单位审计、国有企业审计、外资审计和固定资产投资审计等。其中，金融审计以国有金融机构和国有资产占控股地位的金融机构为审计客体；行政事业单位审计以与财政部门直接发生预算缴款、拨款关系的国家机关、军队、政党组织、社会团体和事业单位为审计客体；国有企业审计以国有企业及国有控股企业为审计客体；外资审计以使用国际组织和外国政府援助、贷款的项目为审计客体；固定资产投资审计以国有企业投资的建设项目、政府投资和以政府投资为主的建设项目为审计客体。

政府绩效审计是指，审计机关对组织行为及其各项活动的经济性、效率性和效果性进行审计。审计的内容是各级政府的财政收支及其管理活动、企业单位的财务收支及其经营管理活动、行政事业单位的资金使用及其管理活动、固定资产投资及其管理活动。审计的目的是促使受托经济责任中的绩效责任得到全面有效的履行。

经济责任审计是指，审计机关对党政主要领导干部与国有企业和国有控股企业的法定代表人在其任职期间的财政收支、财务收支以及有关经济活动进行的审计，通过审计实现监督、评价、鉴证领导干部经济责任履行情况的目的。根据干部管理监督的需要，经济责任审计可以在领导干部任职期间进行任中审计，也可以在领导干部不再担任所任职务时进行离任审计。

专项审计调查是指，审计机关在其职责范围内通过审计方法，对与国家财政收支有关或者本级人民政府交办的特定事项，向有关地方、部门、单位进行的专门调查活动。专项审计调查的内容包括：国家财经法律、法规、规章和政策的执行情况；行业经济活动情况；有关资金的筹集、分配和使用情况；本级人民政府交办、上级审计机关统一组织或者授权以及本级审计机关确定的其他事项。专项审计调查的目的是为上级经济决策提供依据。

（二）政府审计的其他分类

除了审计的基本分类以外，还可以对审计进行其他分类。主要包括：按审计实施的时间分类，按审计执行的地点分类，按实施审计的具体方式分类，按审计是否通知被审计单位分类，按审计的范围分类。

按审计实施时间分类，政府审计可分为事前、事中和事后审计。事前审计，也称预防审计，是指在被审计单位经济业务发生以前所进行的审计，一般是对目标、计划、预算、决策、合同、方案等的编制是否合理可行进行审计，以起到防患于未然的作用。事中审计，也称期间审计、跟踪审计，是指在被审计单位经济业务执行过程中进行的审计，一般是对目标、计划、预算、决策、合同、方案等的实施情况进行审计，以便及时发现并纠正偏差，保证目标、计划等的顺利实现。事后审计是指在被审计单位经济业务完成以后所进行的审计，一般是审查目标、计划、预算、决策、合同、方案等的执行结果，以评价经济活动和会计资料的真实性、合法性和效益性。

按审计执行的地点分类，政府审计可分为报送审计和就地审计。报送审计也称送达审计，是指由被审计单位按照审计机关规定的期限（月、季或年度），将需要审查的有关资料送到审计机关所进行的审计，一般适用于对规模较小、业务较少的行政机关和事业单位执行的经费预决算审计。就地审计是指审计机关派审计人员或者审计组直接到被审计单位所在地进行的审计，这种审计主要适用于对企业开展的财务审计、财经法纪审计和效益审计，大多数属于定期的年度审计。

按实施审计的具体方式分类，可分为委托审计、联合审计、驻地审计、巡回审计。委托审计是指由审计委托人委托注册会计师审计组织，按委托方的要求对被审计单位所进行的审计。联合审计是指两个以上的审计组织或审计组织与有关经济监督机构联合进行的审计。驻地审计是指审计机关派出审计机构或审计人员驻在被审计单位对其进行经常性的审计。巡回审计是指审计组织按规定的时间和先后次序轮流到几个被审计单位进行的审计。

按审计是否通知被审计单位分类，可分为预告审计和突击审计。预告审计也称通知审计，是指审计组织在进行审计之前，将要进行审计的目的及主要内容等，预先通知被审计单位及其有关人员的情况下所进行的审计，它主要适用于一般性财务审计和效益审计。突击审计是指审计组织在进行审计之前，不预先把审计的目的、日期及主要内容等通知给被审计单位及有关人员，而采用突然袭击的方式所进行的审计，它主要适用于保密性较强的专案审计。

按审计的范围分类，可分为全部审计、局部审计和专项审计。全部审计是指对被审计单位一定期间内有关经济活动的各个方面及其资料进行全面的审计，这种审计主要适用于企业的财务报表审计，对财务报表的审计一般采用抽样方法。局部审计是指对被审计单位一定期间内的财务收支或经营管理活动的某些方面及其资料进行部分的、有目的的、有重点的审计，如对企业进行的库存现金审计、银行存款审计、利税审计等就属于局部审计。专项审计又称专题审计，是指对某一特定项目所进行的审计，该种审计的业务范围比局部审计要小，针对性更强，如自筹基建资金来源审计、扶贫专项资金审计、世界银行贷款审计等。

第三节 政府审计的地位

一、政府审计在我国政治经济生活中的地位

国家审计署和各级地方审计机关在我国经济监督体系中专门行使经济监督之责，无论是在巩固我国的基本政治制度方面，还是在完善社会主义

市场经济体制方面都具有重要的地位，发挥着重要的作用。

（一）政府审计有利于完善我国的政治制度

我国的基本政治制度是全国人民代表大会制度，各级人民代表大会及其常委会拥有立法权和重大问题的决策权，国务院及各级政府负责执行人大及其常委会制定的法律和决策，法律和决策的执行情况如何，需要人大及其常委会的监督。从政府审计的角度分析，各级人民代表大会及其常委会是公共资源的委托者，国务院及各级政府是公共资源的受托者，各级人民代表大会及其常委会委托审计署及各级地方审计机关，对政府的经济活动进行监督。各级审计机关对各级政府的财政收支、国有企事业单位的财务收支实施审计，并将审计结果向本级政府和人大常委会报告，督促各级政府的活动主要是经济活动不能有悖于广大人民的意愿，这一过程充分保证了各级人大及其常委会对各级政府的监督，有利于完善我国的人民代表大会制度，是我国社会主义民主的有利体现。

（二）政府审计有利于促进廉政建设

各级政府的廉洁行政关系到党和政府的生死存亡，尤其是在市场经济体制下，面对权力和金钱的诱惑，以权谋私、中饱私囊，严重败坏了党和政府的形象，因此，反腐倡廉的钟声必须长鸣。除了从思想道德方面进行教育之外，必须建立长期有效的反腐倡廉机制。政府审计制度就是一种有效的监督机制，原因是：第一，建立审计制度，开展经常性的政府审计，监督政府部门在法律范围内运用权力，可以形成有效地防范腐败的约束机制；第二，通过开展常规性的审计，及时发现腐败线索，查处腐败问题；第三，积极配合纪检、监察、司法部门的反腐败斗争，市场经济体制下，腐败问题常常是经济问题，政府审计机关可以发挥自身的专业优势，配合纪检、监察、司法部门查证、办案。

（三）政府审计有利于加强宏观调控、维护国家经济秩序

我国经济体制改革的目标是建立社会主义市场经济体制，社会主义市场经济体制要求充分发挥政府的宏观调控作用，维护国家经济秩序的健康运行。国家审计机关通过审计，可以发现经济运行中的普遍性、倾向性和苗头性问题，社会关注的难点、热点问题，针对这些问题开展专项审计调查，

分析问题产生的原因，向政策制定部门提出审计建议，以便制定正确的调控政策；可以督促政府部门正确地运用行政的公共权力，促使政府部门严格执行决策、计划和预算，创造良好的经济环境；可以督促专业监督部门（如财政、税务、金融）在自身的监督范围内认真履行专业监督，合理运用自身的监督权力；可以促使被审计单位健全内部控制，强化内部管理，认真执行国家法律法规，遵守会计准则和会计制度。所有这些都有利于国家宏观调控政策的落实，有利于维护国家经济秩序。

二、政府审计在我国经济监督体系中的地位

在我国，以政府职能部门为主体的监督称为其他专业监督，如财政、税务、海关、银行、证券、保险、工商等部门的监督，各个职能部门的监督有明确的分工且又相互联系，与审计监督共同构成完善的经济监督体系。政府审计作为专门的综合性经济监督部门，在整个国家经济监督体系中处于十分重要的地位，主要表现在如下方面。

（一）政府审计的权威性和独立性比较高

1982年《宪法》中明确规定，在我国设立审计机构，实施审计监督制度，从而确立了审计监督在我国经济监督体系中的法律地位，为我国审计监督工作奠定了法律基础，保证了其较高的法律地位。政府审计机关职责是对财政财务收支实施经济监督，与其他经济监督部门相比，由于其自身没有直接的管理职能，与被审计单位之间没有任何经济或其他的利害关系，因此，其独立性比较强，能够代表国家客观公正地进行审计监督。

（二）政府审计是综合性的经济监督

根据《宪法》和《审计法》规定，我国政府审计机关监督的范围十分广泛，包括国务院各部门、地方人民政府及其各部门的财政收支，国有金融机构和企事业单位的财务收支以及其他依照《审计法》规定应当接受审计的财政财务收支，相对于其他专业经济监督部门仅限于对本部门、本行业的监督，审计监督的内容比较全面。因此，政府审计监督是综合性的经济监督。

（三）政府审计是对其他专业监督的再监督

我国的财政、税务、海关、银行、证券、保险、质检、工商等部门，主要履行自身管理职能，在履行管理职能的同时，行使一定的监督职能，所以这类监督的范围、内容和手段等都具有一定的局限性。审计监督作为综合性经济监督部门，通过对财政、税务、银行及其他专业经济监督部门的再监督，克服各专业经济监督在监督的范围、内容和手段等方面的局限性，促使这类部门正确发挥自身的监督权力，从而形成不同层次、不同角度的经济监督体系。

三、政府审计与内部审计、民间审计的关系

政府审计机关、内部审计组织和会计师事务所是三种不同的审计主体，它们开展的审计工作分别称为政府审计、内部审计和民间审计，三者既有区别又有联系，共同构成我国的审计监督体系。

（一）政府审计与内部审计、民间审计的区别

根据《审计法》《中华人民共和国注册会计师法》和《内部审计基本准则》，政府审计主要监督检查各级政府及其相关部门的财政收支，国有企事业单位和国有控股公司的财务收支及公共资金的收支，运用情况的真实性、合法性和效益性，维护国家经济秩序、促进廉政建设、完善宏观调控；内部审计主要审查和评价本部门、本单位的经营活动及内部控制的适当性、合法性和效益性，从而促进组织目标的实现；民间审计主要审查营利性组织与非营利性组织的财务报表编制的公允性和合法性，维护资本市场的稳定性。三者监督的范围、监督的目标不同，各自在不同的领域开展工作，在不同领域发挥着监督的作用。

（二）政府审计与内部审计、民间审计的联系

目前，我国政府审计机关对内部审计和民间审计工作负有指导和监督的职责。根据《审计法》及相关法规的规定，内部审计工作由内部审计协会实行自律性行业管理，政府审计机关对内部审计工作不再履行管理的职责，依法属于审计机关审计监督对象的单位，应当按照国家有关规定建立

健全内部审计制度，其内部审计工作应当接受审计机关的业务指导和监督；民间审计机构审计的单位依法属于审计机关审计监督对象的，审计机关按照国务院的规定，有权对该民间审计机构出具的相应审计报告进行核查。

第四节　政府审计的目标

政府审计目标是指在一定的社会环境下政府审计活动想要达到的理想境地或预期效果，是审计工作的出发点和归结点。政府审计目标的确立是主观见之于客观的活动，是政府审计本质与特定环境相互联系和相互作用的产物。政府审计的目标是根据公共受托责任论，即受全体人民委托对各级政府及其各部门、使用公共资金的企事业单位、社会团体及其相关个人等受托责任的履行情况进行检查、做出评价而派生出来的，简而言之，即监督被审计单位财政收支、财务收支及有关经济活动的真实性、合法性和效益性。

一、真实性

真实性是审计机关对审计事项的真实性进行审计监督，这一目标主要是确定财政、财务收支是否与实际情况相符合，是否已经发生，有无差错、虚假、舞弊行为等；各种经济信息是否客观、真实、全面、正确地反映了实际的财政、财务收支状况和经营管理成果，政府各项经济责任是否如实履行，向社会和公众所发布的信息是否真实无误，所作承诺有无如约兑现等。

二、合法性

合法性是审计机关对审计事项的合法性进行审计监督。这一目标主要是确定各项财政财务收支程序是否合法，各项会计处理是否遵循了法律和会计准则的规定，特别是对政府是否依法行政、规范行政，其行政执法行为是否客观、公正等进行审计监督。

三、效益性

效益性是审计机关对审计事项的经济效益、社会效益和环境效益进行审计监督，着重解决财政财务收支活动是否符合经济性、效率性、效果性。经济性是用以评价实际资金投入或费用列支，与预计资金投入或者费用的列支相比，是节约还是超支的一个目标，即对一项活动，在保证质量的前提下，将其资源消耗量降到最低水平的一个目标。效率性是用以评价实际资金投入或者费用列支与预计相比，是否获利及获利的频率如何的一个目标，即产品、服务或其他形式的产出与其消耗资源的关系。一项有效率的活动应该是在保证质量的前提下，以一定的投入实现最大的产出或实现一定的产出使用最小的投入。效果性是评价实际所得与预计所得相比的结果优劣程度的一个目标，即既定目标的实现程度以及一项活动的实际效果与预期效果的关系。

从长远来看，真实性、合法性、效益性三者相互联系，相互影响，其中真实性是合法性、效益性的基础，真实性目标实现了，在很大程度上就解决了合法性问题，被审计单位真实的效益也必然清晰地反映出来。因此，在确保会计信息真实的基础上，揭露查处各种严重违法违纪行为，促进被审计单位加强改善经营管理、提高经济效益和社会效益，逐步实现真实、合法、效益三个审计目标的统一，从而全面实现政府审计的目标。自我国重新建立审计机关以来，一直是以真实性、合法性为首要目标，不可否认，这是与我国当时的历史时期和特定环境相适应的。有限的审计资源使得审计机关只有先解决真实性问题、查处各种弄虚作假行为、纠正会计信息失真问题，才有可能真正实现合法性和效益性目标。政府审计以真实性、合法性、效益性为目标，对维护国家财经法纪、严肃财经纪律、促进廉政建设，较好地发挥了应有的作用。但随着我国社会主义市场经济体制的建立与完善，所有权与经营权进一步分离，政府的职能逐步由直接管理企业向宏观调控为主和完善企业的运作环境方向转变。公共财政、公共管理等政府治理行为的转变，使得以效益性作为政府审计的目标逐步成为可能。在此种环境下，真实性、合法性不能再作为政府审计的唯一目标，这是与公共受托责任的发展、市场经济体制、民主法制建设对政府审计所提出的最新要求不吻合的。这时，我国的审计机关开始了以效益性为目标的政府绩效审计实践，如国债资金、扶贫资金、三峡移民资金等，虽然没有把绩效审计的效益性目标明确提出来，但已经在具体实施过程中体现了不同程度的效益性。从各国绩效审计的实践来看，我国与国外相比，目前开展以效益性为目标的绩效审计还存在相当大的差距，一是有限的审计资源制约着政府审计向绩效审计延伸，虽然绩效审计作用大，效果好，但投入大于财政财务审计，在审计资源有限的情况下很难向绩效审计领域倾斜；二是目前开展绩效审计的环境尚不具备，大多数被审计单位企业管理松弛，会计核算不规范，在这种环境下开展绩效审计难度很大；三是审计主体的素质尚不能完全适应绩效审计的要求，这也将是未来我国政府审计亟待开展的工作。

第五节　政府审计的分类

政府审计可以从不同的角度，依据不同的标准，划分出不同的类型。审计分类的一般方法是：首先提出分类的标准，并根据每一种标准，确定归属其下的几种审计；然后按照一定的逻辑程序，将各类审计有秩序地排列起来，形成审计类型的群体。

一、按审计的内容分类

（一）财政财务收支审计

财政财务收支审计也称传统审计，在西方国家称为财务审计或依法审计，是指对审计单位财政财务收支活动和会计资料是否真实、正确、合法和有效所进行的审计。财政财务收支审计的主要内容是财政财务收支活动，目的是审查财政财务收支活动是否遵守财经方针、政策、财经法令和财务会计制度、会计原则，是否按照经济规律办事，借以纠正错误，防止弊病，并根据审计结果，提出改进财政财务管理、提高经济效益的建议和措施。财政财务收支不仅要审核检查被审计单位的会计资料，而且要审核检查被审计单位的各项资金及其运作。财政财务收支审计按照对象不同，又可分为财政收支审计和财务收支审计。财政收支审计是指审计机关对本级财政预算执行情况、下级政府财政预算的执行情况和决算以及预算外资金的管理和使用情况的真实性、合法性进行的审计监督。财务收支审计是对金融机构、企事业单位的财务收支及有关的经济活动的真实性、合法性所进行的审计监督。以企业财务收支审计为例，审计内容主要有：企业制定的财务会计核算办法是否符合《企业财务通则》《企业会计准则》以及国家财务会计法规、制度的规定；对企业一定时期内的财务状况和经营成果进行综合性的审查并做出客观评价。

（二）财经法纪审计

财经法纪审计是由审计组织对严重违反财经法纪的行为进行的专项审计。财经法纪审计的目的在于维护国家经济利益，保护国家利益不受侵占和损害。当前，由于财经法规逐步健全，一些单位在执行财经纪律时还不够严格，加之财务管理有些偏松，财产损失浪费、违法乱纪的现象仍普遍存在，因此，加强财经法纪审计活动，有利于加强社会主义法制，维护国家财经法纪，纠正不正之风，遏制腐败现象，切实加强廉政建设和党风建设，保护国家、集体和个人三者的正当权益，保证党和国家各项方针、政策的贯彻执行。财经法纪审计的主要任务是审查被审计单位贯彻执行财经法纪的情况及存在的问题，彻底查明各种违法乱纪案件，并根据审计结果，提出处理建议和改进财政、财务管理的意见。财经法纪审计的主要内容就是追查一切违法乱纪事件及其发生原因，包括对于那些不顾国家利益截留税利、挤占财政收入、偷税、转移挪用资金、乱搞计划外工程、乱挤成本、乱涨价、擅自提高开支标准等违反财经纪律的行为，应加以揭露和纠正；对于那些在流通领域内大搞不正之风、受贿、私分产品、私设小金库、滥发奖金、损公肥私的行为，应彻底查明并进行处理；对于那些贪污盗窃、投机诈骗、破坏经济建设、侵吞国家财产等违法活动，应立专案审查，对严重的违法经济案件，要移送司法机关查处。

（三）经济效益审计

经济效益审计是对财政财务收支及其有关经济活动的效益进行监督的行为。审计机关对列入审计监督范围的所有单位和项目，都可以进行经济效益审计，其中以审计公共财政资金使用效益最为典型。目前，我国审计机关主要开展财政收支审计和财务收支审计。随着我国经济增长方式由粗放型逐步向集约型转变和实现可持续发展战略的实施，人民越来越关注经济效益问题。审计机关在对财政收支和财务收支进行监督的同时，将根据客观需要逐步开展经济效益审计。

二、按审计实施时间分类

政府审计按其实施时间不同，可以分为事前审计、事中审计和事后审计。

（一）事前审计

事前审计也称防护性审计，是指审计组织在被审计单位某项经济业务发生前进行的审计。它一般用来审查目标、计划、预算、决策、合同、方案等的编制是否可行、经济有效、合理合法、以起到防患于未然的作用。事前审计的着眼点不在于历史性的财务收入，而在于促进被审计单位的经济活动达到预期效果和经营决策的实现。反之，决策和计划制订得不科学，就会导致严重的后果。加强事前审计，特别是在内部审计中加强事前审计，将有利于完善被审计单位经济管理工作中的基础工作，有利于严肃执行财政财务管理制度，加强计划的科学性，避免主观决策、盲目决策对经济工作带来的危害。这样，就能做到防患于未然，确保财政财务收支和经济活动达到预期的目标。

（二）事中审计

事中审计也称期间审计、跟踪审计，是指审计组织在被审计单位某项经济业务发生过程中进行的审计。它一般用来审查目标、计划、预算、决策、合同、方案等的实施情况，以便及时发现和纠正差错，保证目标、计划等的顺利实现。

（三）事后审计

事后审计是指审计组织在被审计单位某项经济业务结束后进行的审计。它一般用来审查目标、计划、预算、决策、合同、方案等的执行结果，以评价经济业务是否合理、合法、有效，有关会计资料是否真实、公允。事后审计是审计活动中通常采用的一种传统审计方式。它可以根据实际需要由审计机关确定时间，包括年后审计和年中审计，也就是说，既可以定期每年、每季或每半年进行一次，也可以不定期根据需要随时进行审计。例如，专案贪污盗窃的审计等。这些审查对于防止或减少错误和弊端的发生、维护财经纪律、保护国家集体经济利益，都有重要作用。以事后审计为基础，积极向事前、事中审计的延伸是现代审计的发展方向。

三、按审计执行地点分类

政府审计按其执行地点不同，可以分为报送审计和就地审计。

（一）报送审计

报送审计也称送达审计，是指由被审计单位按照审计机关规定的期限（月、季或年度），按需要审查的有关资料送到审计机关所进行的审计。报送审计适用于对行政机关和事业单位等业务量较少、会计资料不多或地域分散的单位进行的审计。这种审计可以提高审计机关的权威性，有利于节约审计费用，但是，不利于彻底查清问题，它一般适用于对行政机关和事业单位的经费预决算审计。

（二）就地审计

就地审计是指审计机关委派审计人员或者审计组直接到被审计单位所在地进行的审计。这种审计主要适用于企业，大多数属于定期的年度审计。但对于某些特殊案件，如贪污舞弊案件等临时性的专案审计，也必须到被审计单位进行就地审计。这种审计不仅有利于减少审计资料往返运送的时间，保证审计资料的安全，而且有利于审计人员深入现场，调查了解实际情况，进行全面深入的审查，保证审计质量。为了保证审计质量，审计机构应尽可能地采用就地审计方式，特别是财经法纪审计和效益审计，必须采用就地审计方式。

四、按审计组织方式分类

审计按其组织方式不同，可分为委托审计、联合审计、驻地审计、巡回审计、预告审计和突击审计。

（一）委托审计

委托审计是指由审计委托人委托注册会计师审计组织，按委托方的要求对被审计单位所进行的审计。

（二）联合审计

联合审计是指两个以上的审计组织或审计组织与有关经济监督机构联合进行的审计。

（三）驻地审计

驻地审计是指审计机关派出审计机构或审计人员驻在被审计单位对其进行经常性的审计，

（四）巡回审计

巡回审计是指审计组织按规定的时间和先后次序轮流到几个被审计单位进行的审计。

（五）预告审计

预告审计也称通知审计，是指审计组织在进行审计之前，把将要进行审计的目的及主要内容等，预先通知被审计单位及其有关人员的情况下所进行的审计。它主要适用于一般性财务审计和效益审计。

（六）突击审计

突击审计是指审计组织在进行审计之前，不预先把审计的目的、日期及主要内容等通知到被审计单位及有关人员，而采用突然袭击的方式所进行的审计。它主要适用于保密性较强的专案审计。

五、按审计范围分类

审计按其范围不同，可以分为全部审计、局部审计与专项审计。

（一）全部审计

全部审计也称全面审计，是指审计组织对被审计单位在审计期内的全部经营活动及其经济资料所进行的审计。例如，企业会计报表审计就是典型的全面审计。全面审计内容的业务面广、量大，需要耗费较多的人力、物力与时间，一般情况下，都是年后审计，定期进行，因此全面审计也称为常年审计或年终的财务审计。这种审计具有彻底审查的优点，但是，它的工作量一般比较大，审计成本比较高。因而，它一般采用抽样审计方法进行，而且要求将审计的范围从企业的财会部门扩大到一切职能部门，包括供应、生产、销售等部门在内，查证、查明整个经济活动所存在的问题，分析全部业务工作的成绩、缺点，评价其真实、准确程度和是否合法、合理。

（二）局部审计

局部审计是指审计组织对被审计单位审计期内的部分经营活动及其经济资料所进行的审计。

（三）专项审计

专项审计是指对被审计单位特定项目进行的审计。专项审计具有针对性强、审查细致的优点，但往往不够全面彻底。它可以根据需要随时进行。

综上所述，依据不同的标准对政府审计所进行的各种分类，既各有特点、相互区别，又相辅相成、密切相关。审计人员在执行审计任务时，应根据不同的审计目标和要求，结合被审计单位的实际情况，恰当地选用审计类型，更好地完成审计任务，同时可以选用几种审计类型，结合使用，使其相互补充，扬长避短。

第六节　政府审计的程序

政府审计程序是审计机构及其审计人员在项目审计中自始至终必须遵循的工作步骤和操作规程。政府审计程序的安排遵循着标准的审计程序，包括四个阶段：审计项目计划阶段、审计准备阶段、审计实施阶段和审计终结阶段。

一、政府审计项目计划阶段

政府审计项目计划是指审计机关按年度对审计项目和专项审计调查项目预先做出的统一安排。政府审计项目计划按规定经审计机关或同级人民政府审核批准后执行，并作为检查考核审计工作的主要依据。

（一）政府审计项目的构成

1. 上级审计机关统一组织项目

这是指上级审计机关为了更好地发挥审计在宏观调控中的作用，围绕政府工作重心所确定的在所辖区域内由下属各级审计机关统一开展的审计项目。每年由上级审计机关对所辖区域内的审计工作做出统一部署和安排，是体现审计业务以上级审计机关领导为主的重要方式和手段。

2. 自行安排项目

这是指各级审计机关根据自己的审计力量情况，在本机关审计管辖和分工范围内自行安排开展的审计项目。审计机关应在充分考虑本级政府的工作重心、社会关注的热点和难点问题，并兼顾审计覆盖的基础上，对审计项目计划做出统一安排。

3. 授权审计项目

这是指由上级审计机关授权下级审计机关实施的、属于上级审计机关管辖范围内的审计项目。上级审计机关除统一组织审计项目外，还可以将所辖范围内的部分审计项目授权给下级审计机关实施，以充分发挥审计体系的整体功能。授权审计项目计划，由下级审计机关提出申请，报上级审计机关统一协调后依法审批。授权审计项目的确定，要从有效利用审计资源和有利于加强对上级所属基层单位的审计监督出发，注意上下结合，重点解决一些带有普遍性、倾向性的问题，不断提升审计成果的质量和水平，更好地发挥审计监督作用。授权申请应说明审计或审计调查的目的、理由、范围和内容等，由审计署办公厅负责汇总审核，统一征求有关部门意见，报审计长审定后，批复地方审计机关执行。

4. 政府交办项目

这是指各级政府要求审计机关实施审计的项目。由于我国的审计机关是政府的组成机构之一，各级审计机关在接受上级审计机关领导的同时，还要接受本级人民政府的领导，因此，对于政府交办的属于审计机关法定职责范围内的审计事项，各级审计机关也必须及时列入项目计划。

5. 其他交办、委托或举报项目

一类是由本级政府以外的其他领导或权力部门要求审计机关实施审计的项目，如本级人大或政协等交办的项目；另一类是由其他部门委托审计机关实施审计的项目或提请审计机关配合审计的项目，如纪律检查委员会、监察部门、组织人事部门和业务主管部门委托的项目；还有一类是接受群众举报，审计机关决定应当实施审计的项目。

（二）政府审计项目计划的内容及管理

政府审计项目计划由文字和表格两部分组成。文字部分的内容包括：上年度政府审计项目计划完成情况，本年度审计项目安排的依据和指导思想，审计目的，完成计划的主要措施等；表格部分的内容包括：审计项目名称、类别、级别和数量，完成审计项目的时间要求和责任单位，被审计单位名称及其主管部门和所在地区等。与我国审计体制相适应，审计机关的审计项目计划管理工作实行统一领导、分级负责的制度。审计署负责管理审计署统一组织的政府审计计划和审计署本级政府审计项目计划，指导全国政府审计项目计划管理工作。县级以上地方各级审计机关分别负责本地区政府审计项目计划管理工作。

（三）政府审计项目计划的编制

为保证政府审计项目计划科学有效和切实可行，既要注意充分利用审计资源，又要留有一定机动余地；既要注意突出重点，安排任务均衡，又要避免出现重复。尤其应注意在规定的时间内，按照规定的程序，按时完成计划的编制。为此，审计机关在编制政府审计项目计划时，要依据国家社会经济发展的方针政策和审计工作发展纲要，严格执行《审计法》及其实施条例、有关法律法规和审计准则，确保履行法定职责。编制政府审计项目计划，要紧紧围绕政府工作中心，明确具体审计目标，合理选择审计重点，注重提高审计成果的质量和水平。

审计机关编制政府审计项目计划时，除包括上级审计机关统一组织的审计项目外，应当在规定的审计管辖范围内安排审计项目。审计署统一组织的政府审计项目计划，由署各专业审计司于每年11月提出安排意见，并填制统一印发的审计项目工作量测算报表，办公厅汇总提出计划草案，经审计长会议审定后下达。署各专业审计司提出的政府审计项目计划安排意见，应在充分调查研究、认真听取地方审计机关和署各派出机构意见的基础上，对拟安排审计项目的审计目标、重点内容、主要方法、实施时间、地域分布、所需审计人员数量和工作量等，进行详细说明和测算，科学、合理、均衡地安排全年工作任务。省级审计机关根据审计署统一组织的审计项目、授权审计项目和当地实际情况，编制本地区政府审计项目计划，于每年4月底前报审计署备案。

（四）政府审计项目计划的调整

经过审批确定的政府审计项目计划，规定了审计机关在一定时期内的工作目标和责任，是审计机关开展审计工作的重要依据。政府审计项目计划一经下达，审计机关应当努力完成，并制定初步的审计方案。没有特殊情况，政府审计项目计划不应变更和调整。年度审计项目计划执行过程中，遇有下列情形之一的，应当按照原审批程序调整：①本级政府行政首长和相关领导机关临时交办审计项目的；②上级审计机关临时安排或者授权审计项目的；③突发重大公共事件需要进行审计的；④原定审计项目的被审计单位发生重大变化，导致原计划无法实施的；⑤需要更换审计项目实施单位的；⑥审计目标、审计范围等发生重大变化需要调整的；⑦需要调整的其他情形。如果确因特殊情况需要调整，应当按照规定的程序报批，经批准后，方可进行调整。具体程序为：①审计署统一组织政府审计项目计划的调整，由署有关专业审计司提出意见，送署办公厅协调办理，报署领导审批后，通知有关单位执行；②授权地方审计机关政府审计项目计划的调整，由省级审计机关提出意见，报审计署审批；③地方政府审计项目计划的调整，由下达计划的审计机关审批；④领导交办项目及时报批、调整。

（五）制定政府审计工作方案

政府审计项目计划下达后，审计机关应当及时编制审计工作方案。审计工作方案的内容主要包括：审计目标；审计范围；审计内容和重点；审计工作组织安排；审计工作要求。审计实施前，有关审计组应当依据审计工作方案，结合实际情况编制审计实施方案。审计署统一组织项目的审计工作方案，由署有关专业审计司编制，经审计长会议审定后下达。地方审计机关组织的审计项目的审计工作方案，经厅（局）长会议研究确定。

（六）政府审计项目计划执行情况的报告、检查和考核

为了使政府审计项目计划真正落到实处，审计机关必须建立政府审计项目计划执行情况的报告制度。审计署统一组织政府审计项目计划的执行，由审计署有关专项审计司和省级审计机关分别于每年7月和次年2月向审计署提出上半年及全年计划执行情况的综合报告。报告的主要内容包括：计划执行进度、审计的主要成果、计划执行中存在的主要问题及改进措施与建议等。

此外，审计机关应组成审计项目质量检查组，根据有关法律、法规和规章的规定，对本级派出机构或下级审计机关完成审计项目的质量情况进行检查和考核。检查和考核的主要内容包括：计划编报及计划执行情况报告的及时性、完善性，计划安排的科学性、合理性，计划完成的质量和效果等。例如，审计署每年有重点地对中央授权项目的审计质量进行抽查。对未按规定认真履行职责，或审计质量未能达到要求的地方，予以通报批评，并暂停对其授权。凡因审计机关和审计人员工作失职、渎职等造成重大审计质量问题的，要依法追究有关领导和直接责任人员的责任。在实施检查前，应向被检查的审计机关送达审计项目质量检查通知书。审计项目质量检查结束后，应向被检查的审计机关下达审计项目质量检查结论。

二、政府审计准备阶段

（一）组成审计组进行调查了解

审计机关应当根据政府审计项目计划所确定的审计事项，按照其特点和要求，在实施项目审计前组成审计组。审计组由审计组组长和其他成员组成。审计组实行审计组组长负责制。审计组组长由审计机关确定，审计组组长可以根据需要在审计组成员中确定主审，主审应当履行其规定职责和审计组组长委托履行的其他职责。

成立政府审计组时，应注意考虑三个方面的问题，第一，人员素质。要根据审计项目的性质和预计工作量以及项目的复杂程度和完成时限等因素，确定所需的审计人员数量及知识结构。对于一些较大型的审计项目，

可以在必要时打破部门界限，由审计机关统一组织审计力量。审计中如有特殊需要，审计机关还可以从外部聘用有关专家。第二，保持连续性。为了提高审计效率，审计分工应相对稳定，对某些审计项目，审计组中应尽量包括曾经对该项目进行过审计的人员或以此类人员为主。保持审计人员的连续性，还有利于检查被审计单位对以往审计决定的落实情况。在必要时也需对审计人员做适当轮换。第三，严格遵守回避制度。为了保证审计工作的客观公正，凡是与被审计单位有利害关系的人员，均不得进入审计组。

为了合理确定审计风险，突出审计重点，并确保审计方案的切实可行，组成政府审计组后，应进行初步的调查了解。审计组应当调查了解被审计单位及其相关情况，评估被审计单位存在重要问题的可能性，确定审计应对措施，编制审计实施方案。调查了解的内容包括：单位性质、组织机构；职责范围或者经营范围、业务活动及其目标；相关法律法规、政策及其执行情况；财政财务管理体制和业务管理体制；适用的业绩指标体系以及业绩评价情况；相关内部控制及其执行情况；相关信息系统及其电子数据情况；经济环境、行业状况及其他外部因素；以往接受审计和监督及其整改情况；需要了解的其他情况。具体来看，调查了解被审计单位相关内部控制及其执行情况时应该关注以下方面：①控制环境，即管理模式、组织机构、责权配置、人力资源制度等；②风险评估，即被审计单位确定、分析与实现内部控制目标相关的风险，以及采取的应对措施；③控制活动，即根据风险评估结果采取的控制措施，包括不相容职务分离控制、授权审批控制、资产保护控制、预算控制、业绩分析和绩效考评控制等；④信息与沟通，即收集、处理、传递与内部控制相关的信息，并能有效沟通的情况；⑤对控制的监督，即对各项内部控制设计、职责及其履行情况的监督检查。调查了解被审计单位信息系统控制情况时，应该关注以下方面：①一般控制，即保障信息系统正常运行的稳定性、有效性、安全性等方面的控制；②应用控制，即保障信息系统产生的数据的真实性、完整性、可靠性等方面的控制。

审计人员根据审计目标和被审计单位的实际情况，运用职业判断确定调查了解的范围和程度。对于定期审计项目，审计人员可以利用以往审计中获得的信息，重点调查了解已经发生变化的情况。在调查了解被审计单位及其相关情况的过程中，审计人员可以选择下列标准作为职业判断的依据：①法律、法规、规章和其他范围性文件；②国家有关方针和政策；③

会计准则和会计制度；④国家和行业的技术标准；⑤预算、计划和合同；⑥被审计单位的管理制度和绩效目标；⑦被审计单位的历史数据和历史业绩；⑧公认的业务惯例或者良好实务；⑨专业机构或者专家的意见；⑩其他标准。审计人员在审计实施过程中需要持续关注标准的适用性，并结合适用的标准，分析调查了解的被审计单位及其相关情况，判断被审计单位可能存在的问题。

调查了解被审计单位及其相关情况，审计人员可以采取下列方法：①书面或者口头询问被审计单位内部或外部相关人员；②检查有关文件、报告、内部管理手册、信息系统的技术文档和操作手册；③观察有关业务活动及其场所、设施和有关内部控制的执行情况；④追踪有关业务的处理过程；⑤分析相关数据。.

审计人员应根据审计目标和被审计单位的实际情况，运用职业判断确定调查了解的范围和程度。对于定期审计项目，审计人员可以利用以往审计中获得的信息，重点调查了解已经发生变化的情况。在调查了解被审计单位及其相关情况的过程中，可以选择下列标准作为职业判断的依据：①法律、法规、规章和其他规范性文件；②国家有关方针和政策；③会计准则和会计制度；④国家和行业的技术标准；⑤预算、计划和合同；⑥被审计单位的管理制度和绩效目标；⑦被审计单位的历史数据和历史业绩；⑧公认的业务惯例或者良好实务；⑨专业机构或者专家的意见；⑩其他标准。审计人员在审计实施过程中还需要持续关注标准的适用性。

职业判断所选择的标准应当具有客观性、适用性、相关性、公认性。标准不一致时，审计人员应当采用权威的和公认程度高的标准，分析调查了解被审计单位及其相关情况，判断被审计单位可能存在的问题。根据职业判断，再结合可能存在问题的性质、数额及其发生的具体环境，审计人员就可以判断其重要性。判断重要性时，可以关注下列因素：①是否属于涉嫌犯罪的问题；②是否属于法律法规和政策禁止的问题，③是否属于故意行为所产生的问题；④可能存在问题涉及的数量或者金额；⑤是否涉及政策、体制或者机制的严重缺陷；⑥是否属于信息系统设计缺陷；⑦政府行政首长和相关领导机关及公众的关注程度；⑧需要关注的其他因素。

（二）根据项目初步调查结果编制具体的政府审计项目实施方案

政府审计项目实施方案是政府审计组实施审计项目的具体安排和内容，是保证审计工作取得预期效果的重要手段，也是审计机关检查、控制审计质量和审计工作进度的基本依据。审计组应当调查了解被审计单位及其相关情况，评估被审计单位存在重要问题的可能性，确定审计应对措施，编制审计实施方案。对于审计机关已经下达审计工作方案的，审计组应当按照审计工作方案的要求编制审计实施方案。

审计实施方案的内容主要包括审计目标，审计范围，审计内容、审计重点及审计措施，审计工作要求，项目审计进度安排、审计组内部重要管理事项及职责分工等。采取跟踪审计方式实施审计的，审计实施方案应当对整个跟踪审计工作做出统筹安排。专项审计调查项目的审计实施方案应当列明专项审计调查的要求。

遇有下列情形之一的，审计组应当及时调整审计实施方案：①年度审计项目计划、审计工作方案发生变化的；②审计目标发生重大变化的；③重要审计事项发生变化的；④被审计单位及其相关情况发生重大变化的；⑤审计组人员及其分工发生重大变化的；⑥需要调整的其他情形。

（三）开展审前培训

审前培训是紧紧围绕本次审计的工作目标，组织人员对审计组进行的培训。其内容包括认真学习与审计项目有关的财经制度和政策法规，掌握与被审计企业相关的国家政策、行业规范、制度规定、会计准则，明确审前调查工作的思路和方向。审前培训形式可以多种多样，一是编制审计讲解提纲；二是请专家介绍情况；三是集思广益，审计人员相互交流审计方法和经验。审计人员通过座谈等形式，各抒己见，介绍好的做法和经验，相互之间取长补短，共同提高。同时，在审前培训时，要锁定培训重点，结合行业或专项资金的业务特点，有重点、有针对性地进行深入的分析和研讨，重实用，讲实效。

（四）送达政府审计通知书

政府审计通知书是审计机关通知被审计单位接受审计的书面文件，是政府审计组执行审计任务、进行审计取证的依据。审计通知书的主要内容包括：被审计单位名称，审计依据、范围、内容和方式，必要的追溯、延伸事项，审计起始和终结日期，审计组组长及成员姓名、职务，对被审计单位配合审计工作提出的要求，审计机关公章及签发日期等。在政府审计通知书的正文之后，通常还有两类附件，一类是要求被审计单位配合审计工作的一些调查材料和表格，另一类是对审计人员提出的廉政要求和规定。

　　根据《国家审计准则》第五十五条的规定："审计机关应当依照法律法规的规定，向被审计单位送达审计通知书。"审计通知书除包括上述内容外，还应当向被审计单位告知审计组的审计纪律要求。采取跟踪审计方式实施审计的，审计通知书应当列明跟踪审计的具体方式和要求。专项审计调查项目的审计通知书应当列明专项审计调查的要求。审计通知书应由审计机关的负责人签发，在发送被审计单位的同时，还应抄送被审计单位的上级主管部门和有关部门。为了明确被审计单位与审计机关的责任，审计机关在向被审计单位送达审计通知书的同时，还应当书面要求被审计单位的法定代表人和财务主管人员就与审计事项有关的会计资料的真实、完整和其他相关情况做出承诺。承诺书可以与审计通知书一起送达被审计单位。审计组在实施审计过程中，还可随时向被审计单位提出书面承诺要求。被审计单位要对其所做出的承诺承担责任。承诺书经被审计单位法定代表人和财务负责人签字后，应作为审计证据编入审计工作底稿。

三、政府审计实施阶段

（一）进驻被审计单位

　　下发审计通知书后，政府审计组随即可以进入被审计单位实施审计工作。在向机关单位人员进行调查取证时，审计人员出示工作证件和审计通知书副本。为了保证审计工作中沟通有效以及审计工作的顺利进行，为取得被审计单位领导及其工作人员的配合，可以召开由被审计单位负责人、财会人员、相关负责人和审计人员参加的审计启动工作会议。在此期间，被审计单位应当配合审计机关的工作，明确审计工作的纪律，按照审计机关的规定权限和要求，积极提供相关情况和资料，并提供必要的工作条件。如果在审计通知书下发前没有进行必要的调查了解，还应进行调查了解工作，具体内容与准备阶段调查了解内容相同。

（二）对内部控制进行符合性测试

政府审计组应当根据对被审计单位内部控制初步调查的结果，对内部控制在评价、评估相应的重大舞弊、错报、控制风险方面的可信赖程度做进一步测试，并重新审查原拟定审计方案的可行性。如果发现原审计方案所确定的审计重点、范围、具体实施步骤和方法与符合性测试的结果不相吻合，则必须按照规定的程序及时修订审计方案，对实质性测试的范围和重点做出切合实际的调整。修订后的审计方案需经派出政府审计组的审计机关主管领导批准后方可组织实施。

（三）对审计项目进行实质性测试

政府审计组在完成了对被审计单位内部控制的符合性测试与评价后，即可开始对被审计单位的经济业务进行有重点、有目的的实质性测试与评价。实质性测试是项目审计工作的中心环节，它既是审计人员收集、鉴定和综合审计证据的过程，也是审计机关出具审计意见书和做出审计决定的基础。这一阶段的工作主要是正确运用各种审计方法，例如检查、观察、询问、外部调查、重新计算、重新操作以及分析等方法，取得充分可靠的审计证据和认真编制审计工作底稿等。

1. 收集审计证据

收集审计证据时，审计人员应该注意：①从被审计单位外部获取的审计证据比从内部获取的审计证据可靠；②内部控制健全有效情况下形成的审计证据比内部控制缺失或者无效情况下形成的审计证据更可靠；③直接获取的审计证据比间接获取的审计证据更可靠；④从被审计单位财务会计资料中直接采集的审计证据比经被审计单位加工处理后提交的审计证据更可靠；⑤原件形式的审计证据比复制件形式的审计证据更可靠。不同来源和不同形式的审计证据存在不一致或者不能相互印证时，审计人员应当追加必要的审计措施，确定审计证据的可靠性。

审计人员根据实际情况，可以在审计事项中选取全部项目或者部分特定项目进行审查，也可以进行审计抽样，以获取审计证据。存在下列情形之一的，审计人员可以对审计事项中的全部项目进行审查：①审计事项由少量大额项目构成的；②审计事项可能存在重要问题，而选取其中部分项目进行审查无法提供适当、充分的审计证据的；③对审计事项中的 .

对全部项目进行审查符合成本效益原则的，审计人员可以在审计事项中选取下列特定项目进行审查：①大额或者重要项目；②数量或者金额符合设定标准的项目；③其他特定项目。选取部分特定项目进行审查的结果，不能用于推断整个审计事项。在审计事项包含的项目数量较多，需要对审计事项某一方面的总体特征做出结论，审计人员可以进行审计抽样时，可以参照《中国注册会计师执业准则》的有关规定。

审计人员应当依照法律法规规定，取得被审计单位负责人对本单位提供资料真实性和完整性的书面承诺。

2. 检查重大违法行为

重大违法行为是指被审计单位和相关人员违反法律法规、涉及金额比较大、造成国家重大经济损失或者对社会造成重大不良影响的行为。审计人员检查重大违法行为，应当评估被审计单位和相关人员实施重大违法行为的动机、性质、后果和违法构成。审计人员调查了解被审计单位及其相关情况时，可以重点了解可能与重大违法行为有关的下列事项：①被审计单位所在行业发生重大违法行为的状况；②有关的法律法规及其执行情况；③监管部门已经发现和了解的与被审计单位有关的重大违法行为的事实或者线索；④可能形成重大违法行为的动机和原因；⑤相关的内部控制及其执行情况；⑥其他情况。

审计人员可以通过关注下列情况，判断可能存在的重大违法行为：①具体经济活动中存在的异常事项；②财务和非财务数据中反映出的异常变化；③有关部门提供的线索和群众举报；④公众、媒体的反映和报道；⑤其他情况。

审计人员根据被审计单位实际情况、工作经验和审计发现的异常现象，判断可能存在的重大违法行为的性质，并确定检查重点。审计人员在检查重大违法行为时，应当关注重大违法行为的高发领域和环节。发现重大违法行为的线索时，审计组或者审计机关可以采取下列应对措施：①增派具有相关经验和能力的人员；②避免让有关单位和人员事先知晓检查的时间、事项、范围和方式；③扩大检查范围，使其能够覆盖重大违法行为可能涉及的领域；④获取必要的外部证据；⑤依法采取保全措施；⑥提请有关机关予以协助和配合；⑦向政府和有关部门报告；⑧其他必要的应对措施。

3. 做好审计记录

审计记录是2010年颁布的《国家审计准则》规定的一项重要审计文书，

包括调查了解记录、审计工作底稿和重要管理事项记录。其中，调查了解记录是编制审计实施方案的最重要依据；审计工作底稿是审计人员在从事具体审计项目中所采集和撰写的原始证据，也是编写审计报告、做出审计决定的主要依据；重要管理事项记录是记录审计过程和控制审计质量的重要载体。审计记录的好坏不仅直接影响审计工作的质量及审计工作的效果，而且能够充分体现审计人员的综合素质，在具体审计项目中起着至关重要的作用。

（1）调查了解记录。调查了解记录是审计记录的一种，也是审计实施阶段审计人员了解被审计单位相关情况的最重要载体。调查了解记录主要包括：调查了解的事项，对重要问题的可能性评估，并根据评估结果进一步确定审计事项和审计应对措施。《国家审计准则》虽然不再将审前调查作为项目审计工作的一个单独阶段，但这并不等于说就不需要审计调查，而是将调查了解工作贯穿审计实施过程的始终，将调查了解记录作为编制和调整审计实施方案的重要参考依据，成为实现审计预定目标的前提和保证。

（2）审计工作底稿。审计工作底稿的内容主要包括：审计项目名称；审计事项名称；审计过程和结论；审计人员姓名及审计工作底稿编制日期并签名；审核人员姓名、审核意见及审核日期并签名；索引号及页码；附件数量。审计工作底稿记录的审计过程和结论主要包括：实施审计的主要步骤和方法；取得的审计证据的名称和来源；审计认定的事实摘要；得出的审计结论及其相关标准。审计证据材料应当作为调查了解记录和审计工作底稿的附件。一份审计证据材料对应多个审计记录时，审计人员可以将审计证据材料附在与其关系最密切的审计记录后面，并在其他审计记录中予以注明。审计组起草审计报告前，审计组组长应当对审计工作底稿的下列事项进行审核：①具体审计目标是否实现；②审计措施是否有效执行；③事实是否清楚；④审计证据是否适当、充分；⑤得出的审计结论及其相关标准是否适当；⑥其他有关重要事项。审计组组长审核审计工作底稿，应当根据不同情况分别提出下列意见：①予以认可；②责成采取进一步审计措施，获取适当、充分的审计证据；③纠正或者责成纠正不恰当的审计结论。

（3）重要管理事项记录。重要管理事项记录应当记载与审计项目相关并对审计结论有重要影响的下列管理事项：①可能损害审计独立性的情形及采取的措施；②所聘请外部人员的相关情况；③被审计单位承诺情况；④征求被审计对象或者相关单位及个人意见的情况、被审计对象或者相关单位及人员反馈的意见及审计组的采纳情况；⑤审计组对审计发现的重大问题和审计报告讨论的过程及结论；⑥审计机关业务部门对审计报告、审计决定书等审计项目材料的复核情况和意见；⑦审理机构对审计项目的审理情况和意见；⑧审计机关对审计报告的审定过程和结论；⑨审计人员未能遵守本准则规定的约束性条款及其原因；⑩因外部因素使审计任务无法完成的原因及影响以及其他重要管理事项。其最终目的是保证审计的独立性和审计结论的客观公正，证明审计行为的合规性、充分性和恰当性，并为复核、审理和以后的检查提供依据。

四、政府审计终结阶段

（一）汇总审计资料并由政府审计组编写审计报告

政府审计组在撰写审计报告之前，应把分散在审计人员手中的审计工作底稿集中起来，并按照审计项目的性质和内容进行分类、归集、排序和分析整理。如果发现审计工作底稿中有事实不清、证据不足的情况，应及时采取补救措施，以保证审计证据的真实性、充分性。最后，政府审计组应将汇总的审计资料按问题的性质和情节进行分类组合，附上相关资料，为撰写审计报告提纲做好准备工作。

审计报告是审计人员对审计工作的全面总结，也是审计人员所做审计工作的最终成果，是对被审计单位财政收支、财务收支的真实性、合法性和效益性发表审计意见的书面文书，集中反映了审计工作的质量。审计组实施审计或者专项审计调查后，应当向派出审计组的审计机关提交审计报告。审计机关审定审计组的审计报告后，应当出具审计机关的审计报告。遇有特殊情况，审计机关可以不向被调查单位出具专项审计调查报告。

审计组在起草审计报告前，应当讨论确定下列事项：①评价审计目标的实现情况；②审计实施方案确定的审计事项的完成情况；③评价审计证据的适当性和充分性；④提出审计评价意见；⑤评估审计发现问题的重要性；⑥提出对审计发现问题的处理处罚意见；⑦其他有关事项。审计组应当对讨论前款事项的情况及其结果做出记录。

审计组组长应当确认审计工作底稿和审计证据已经审核，并从总体上评价审计证据的适当性和充分性。审计组根据不同的审计目标，以审计认定的事实为基础，在防范审计风险的情况下，按照重要性原则，从真实性、合法性、效益性方面提出审计评价意见。审计组应当只对所审计的事项发表审计评价意见。对审计过程中未涉及、审计证据不适当或者不充分、评价依据或者标准不明确以及超越审计职责范围的事项，不得发表审计评价意见。

审计组应当根据审计发现问题的性质、数额及其发生的原因和审计报告的使用对象，评估审计发现问题的重要性，如实在审计报告中予以反映。

（二）征求被审计单位意见

审计组实施审计或者专项审计调查后，应当提出审计报告，按照审计机关规定的程序审批后，以审计机关的名义征求被审计单位、被调查单位和拟处罚的有关责任人员的意见。经济责任审计报告还应当征求被审计人员的意见；必要时，征求有关干部监督管理部门的意见。审计报告中涉及的重大经济案件调查等特殊事项，经审计机关主要负责人批准，可以不征求被审计单位或者被审计人员的意见。

被审计单位、被调查单位、被审计人员或者有关责任人员对征求意见的审计报告有异议的，审计组应当进一步核实，并根据核实情况对审计报告做出必要的修改。审计组应当对采纳被审计单位、被调查单位、被审计人员、有关责任人员意见的情况和原因，或者上述单位或人员未在法定时间内提出书面意见的情况做出书面说明。

（三）对审计报告进行复核、审定和审理

审计机关业务部门在收到政府审计组提交的审计报告后，应由专门的复核机构或专职的复核人员，对以下事项进行复核，并提出书面复核意见：①审计目标是否实现；②审计实施方案确定的审计事项是否完成；③审计发现的重要问题是否在审计报告中反映；④事实是否清楚，数据是否正确；⑤审计证据是否适当、充分；⑥审计评价、定性、处理处罚和移送处理意见是否恰当，适用法律法规和标准是否适当；⑦被审计单位、被调查单位、被审计人员或者有关责任人员提出的合理意见是否采纳；⑧需要复核的其他事项。

审计报告经复核后，由审计机关进行审定。一般审计事项的审计报告，可以由审计机关主管领导审定；重大事项的审计报告，应由审计机关审计业务会议审定。审计机关业务部门应当将复核修改后的审计报告、审计决定书等审计项目材料连同书面复核意见，报送审理机构审理。

审理机构以审计实施方案为基础，重点关注审计实施的过程及结果，主要审理下列内容：①审计实施方案确定的审计事项是否完成；②审计发现的重要问题是否在审计报告中反映；③主要事实是否清楚，相关证据是否适当、充分；④适用法律法规和标准是否适当；⑤评价、定性、处理处罚意见是否恰当；⑥审计程序是否符合规定。审理机构审理时，应当就有关事项与审计组及相关业务部门进行沟通。必要时，审理机构可以参加审计组与被审计单位交换意见的会议，或者向被审计单位和有关人员了解相关情况。审理机构审理后，可以根据情况采取下列措施：①要求审计组补充重要审计证据；②对审计报告、审计决定书进行修改。审理过程中遇有复杂问题的，经审理机构负责人同意后，审理机构可以组织专家进行论证。审理机构审理后，应当出具审理意见书。审理机构将审理后的审计报告、审计决定书连同审理意见书报送审计机关负责人。审计报告、审计决定书原则上应当由审计机关审计业务会议审定；特殊情况下，经审计机关主要负责人授权，可以由审计机关其他负责人审定。

（四）做出审计处理，起草审计移送处理书

审计组需要对发现的审计问题做出审计处理，起草审计移送处理书。对审计发现的问题提出处理处罚意见时，审计组应当关注下列因素：①法律法规的规定；②审计职权范围，属于审计职权范围的，直接提出处理处罚意见，不属于审计职权范围的，提出移送处理意见；③问题的性质、金额、情节、原因和后果；④对同类问题处理处罚的一致性；⑤需要关注的其他因素。审计发现被审计单位信息系统存在重大漏洞或者不符合国家规定的，应当责成被审计单位在规定期限内整改。

审计组应当针对经济责任审计发现的问题，根据被审计人员履行职责情况，界定其应当承担的责任。对被审计单位或者被调查单位违反国家规定的财政收支、财务收支行为，依法应当由审计机关进行处理处罚的，审计组应当起草审计决定书。对依法应当由其他有关部门纠正、处理处罚或者追究有关责任人员责任的事项，审计组应当起草审计移送处理书。

对审计或者专项审计调查中发现被审计单位违反国家规定的财政收支、财务收支行为，依法应当由审计机关在法定职权范围内做出处理处罚决定的，审计机关应当出具审计决定书。

（五）整理审计文件、建立审计档案

审计档案是审计活动的真实记录，是审计工作的重要历史资料，也是国家档案的一个组成部分。审计档案实行政府审计组负责制，政府审计组组长对审计档案反映的业务质量进行审查验收。政府审计组在将审计报告报送后，就应着手项目审计立卷归档工作。

审计文件材料应当按照结论类、证明类、立项类、备查类四个单元进行排列。具体而言，审计文件材料的归档范围包括：①结论类文件材料。上级机关（领导）对该审计项目形成的审计要情、重要信息要目等审计信息批示的情况说明、审计报告、审计决定书、审计移送处理书等结论类报告，相关的审理意见书、审计业务会议记录、纪要、被审计对象对审计报告的书面意见、审计组的书面说明等。②证明类文件材料。被审计单位承诺书、审计工作底稿汇总表、审计工作底稿及相应的审计取证单、审计证据等。③立项类文件材料。上级审计机关或者本级政府的指令性文件、与审计事项有关的举报材料及领导批示、调查了解记录、审计实施方案及相关材料、审计通知书和授权审计通知书等。④备查类文件材料。被审计单位整改情况、该审计项目审计过程中产生的不属于前三类的其他文件材料。

当所有属于政府审计组的审计工作完成后，政府审计组应及时对本项目进行总结，以便在今后的工作中发扬成绩、克服不足，不断提高审计工作质量。

（六）行政复议和审计整改检查

1.行政复议

审计决定书经审定，处罚的事实、理由、依据、决定与审计组征求意见的审计报告不一致并且加重处罚的，审计机关应当依照有关法律法规的规定及时告知被审计单位、被调查单位和有关责任人员，并听取其陈述和申辩。对于拟做出罚款的处罚决定，符合法律法规的听证条件的，审计机关应当依照有关法律法规的规定履行听证程序。

2. 审计整改检查

审计机关应当建立审计整改检查机制，监督被审计单位和其他有关单位根据审计结果进行整改。审计机关主要检查或者了解下列事项：①执行审计机关做出的处理处罚决定情况；②对审计机关要求自行纠正事项采取措施的情况；③根据审计机关的审计建议采取措施的情况；④对审计机关移送处理事项采取措施的情况。

审计组在审计实施过程中，应当及时督促被审计单位整改审计发现的问题。在出具审计报告、做出审计决定后，应当在规定的时间内检查或者了解被审计单位和其他有关单位的整改情况。审计机关可以采取下列方式检查或者了解被审计单位和其他有关单位的整改情况：①实地检查或者了解；②取得并审阅相关书面材料；③其他方式。对于定期审计项目，审计机关可以结合下一次审计，检查或者了解被审计单位的整改情况。检查或者了解被审计单位和其他有关单位的整改情况时应当取得相关证明材料。

审计机关指定的部门负责检查或者了解被审计单位和其他有关单位整改情况，并向审计机关提出检查报告。检查报告的内容主要包括：检查工作开展情况，主要包括检查时间、范围、对象和方式等；被审计单位和其他有关单位的整改情况；没有整改或者没有完全整改事项的原因和建议。审计机关对被审计单位没有整改或者没有完全整改的事项，依法采取必要措施。审计机关对审计决定书中存在的重要错误事项，应当予以纠正。审计机关汇总审计整改情况，向本级政府报送关于审计工作报告中指出问题整改情况的报告。

第五章 政府审计组织与审计法律规范

第一节 政府审计组织

一、政府审计体制的组织模式

政府审计体制是指，由国家宪法和审计法所规定的，政府审计机关归谁领导、对谁负责以及最高审计机关与地方审计机关之间关系的制度。一般宪法和审计法的规定中涉及了审计机关的组织模式和领导关系。政府审计体制的组织模式是指政府审计机关的隶属关系，即政府审计机关归谁领导、对谁负责。政府审计体制的领导关系是指地方审计机关与国家审计机关的关系。目前，世界上160多个国家或地区设立了政府审计制度，政府审计按其隶属关系可划分为立法模式、司法模式、行政模式和独立模式四种类型。

（一）立法模式

立法模式的国家审计机关隶属于国家的立法机关（议会或国会），受国家立法机关领导，根据宪法和审计法赋予的权限，对各级政府部门的财政收支和其他经济活动以及国有企事业单位的财务收支活动和有关经济活动进行监督检查。该种模式下，审计机关拥有调查权和建议权，但没有处理权。政府审计机关独立行使审计监督权，对议会或国会负责并报告工作，完全不受行政当局的控制和干扰，其地位较高，独立性和权威性较强。

这种模式下，审计机关接受立法机关（社会公众或纳税人的代表）的委托，对政府（公共资源的经营者）的经济行为实施审计，向立法机关报告工作结果。审计报告反映财政收支的合法性和绩效性，对议会审查政府的预算拨款法案（追加、削减或停止拨款）具有重要的导向作用。同时国家审计机关还常被立法机关用以从外部制衡政府的行为，避免政府与市场主体的合谋导致的市场失灵，如审计机关参与重要产业政策的辩论会或听证会，对将要实施政策的利弊做出评价，提出建设性意见。

英国是这一审计模式的先行者，其最高审计机关——审计署就隶属于议会，对议会负责并报告工作。美国是采用立法模式较为成熟的国家，国家审计总署隶属于国会，对国会负责并报告工作。此外，实施这类审计模式的国家还有加拿大、澳大利亚、奥地利等。

（二）司法模式

司法模式的国家审计机关独立于国家立法机关和行政系统，隶属于国家司法机关，受国家司法机关的领导，拥有一定的司法权，国家审计具有审计和经济审判的双重职能。由于审计与司法结合，审计机关的地位及权威性较高，审计的职能和作用通过完整的法律条款加以确定，成为社会法制链条的重要环节。

在这种审计模式下，审计机关拥有最终判决权，有权直接对违反财经法规、制度的任何事项和人进行处理。公共会计每年须将反映公款征收收入和公务支出的账目提交审计机关接受审计，审计机关的决定具有终审效力，被审计单位必须执行，只有在判决越权、判决程序不符或违反法律时，才可以向最高行政法院提出上诉。同时，国家审计机关对发布拨款命令的拨款人和决策者实施审计，防止产业政策、社会福利政策制定或执行中的非理性经济行为的发生，维护基本经济秩序。

这一审计模式起源于法国，以法国为例，其设立审计法院，性质上属于行政法院，拥有充分独立的调查权和审判权，可以对违法或造成损失的事件进行审理并予以处罚。意大利、西班牙等西欧大陆，南美和非洲的一些国家的审计制度也属于这一模式。

（三）行政模式

行政模式下的审计机关隶属于政府行政部门或隶属于政府某一部门的领导，审计机关根据国家法律赋予的权限，对政府各部门、各单位的财政预算和收支活动进行审计，并对政府负责，保证政府财经政策、法令、计划和预算等的正常实施。行政模式下，最高审计机关的独立性和权威性不强，其审计监督属于行政监督，是政府经济管理的自然延伸和必要补充，与政府经济管理的定位高度吻合。行政模式起源于苏联，并主要为原东欧一些社会主义国家所采用，我国的审计署隶属于国务院，也属于此类模式。

在此模式下，审计机关既是政府的职能部门，执行政府的指令，完成政府交办的各项任务，能够在政府授权下直接实施审计监督，或直接为政府经济管理服务；同时，审计机关又是政府的监督部门，代表社会公众利益对政府经济管理进行监督，对政府行政权力进行制约和规范，所以审计机关又可以在法定范围内对政府这一规制者进行再规制。

采取这种模式的国家不多，我国的审计署和地方审计机关分别隶属于国务院和各级地方政府，在国务院总理和各级政府行政首长的领导下，独立行使审计监督权。属于这种模式的国家还有瑞典、巴基斯坦、泰国、越南等。

（四）独立模式

独立模式下的审计机关独立于立法、司法和行政部门，单独形成国家政权的一个分支，以民间或半民间半官方的身份从事独立的审计监督和审计规制活动。审计机关以会计检察院或审计院为组织形式。审计机关坚持依法审计的原则，客观公正地履行监督职能，只对法律负责，不受议会各政党或任何政治因素的干扰，对审计出来的问题没有处理权，需交司法机关处理。

在独立模式下，审计机关代表社会公众对政府经济活动和产业规制实施监控，或协助政府解决市场经济运行和产业规制中涉及公众利益或公众关注的难点、疑点、热点问题。独立模式是对政府经济行为的体外监控，这种监督不代表任何政党和利益集团，而只能是代表社会绝大多数成员的利益，所以规制的力量来自于社会民众。

日本的最高国家审计机关是会计检查院，既不隶属于国会和内阁，也不隶属于司法机关，独立检查国家财政的预算执行情况并定期向国会报告工作，同时还审查国家投资占50%以上的企事业单位或有选择地审查国家投资低于50%的单位的财务收支等。属于这一模式的国家还有德国、韩国、孟加拉国、阿尔及利亚、尼泊尔、不丹、塞浦路斯、斯里兰卡等。

二、政府审计体制的领导关系

政府审计体制的领导关系是指审计机关的隶属关系和权力划分等方面的制度和体系的总称，即上下级审计机关之间的领导关系。综观世界各国，政府审计机关的领导关系主要分为分级领导关系、垂直领导关系和双重领导关系。

（一）分级领导关系

分级领导关系是指中央审计机关和地方审计机关各自独立，没有任何领导或指导的关系。这种领导关系适用于联邦制国家。在联邦制国家，地方有独立的立法权，地方审计机关对当地的立法机关负责，不受联邦审计机关的领导。例如，美国地方审计机关主要对当地的立法机关负责，其在实现各自的审计职能与向各州和地方议会报告方面所起的作用与审计总署基本相同，但并不接受联邦审计总署的领导。

（二）垂直领导关系

垂直领导关系是指地方审计机关受其上级审计机关的领导，中央审计机关与地方审计机关之间的关系是上下级之间的关系。在垂直领导体制下，中央审计机关与地方审计机关可以分别对中央与地方的财政资金进行监督，但地方审计机关在业务上要接受中央审计机关的领导。例如印度各邦的主计审计长是主计审计长公署驻所在邦的代表，在主计审计长公署的领导下，审查所在邦的财政收支和公共企事业的财务收支。

（三）双重领导关系

双重领导关系是指地方审计机关受其上级审计机关和本级地方政府的双重领导，上级审计机关的领导以业务领导为主，本级地方政府的领导以行政领导为主。采取这种领导关系的目的是减少行政模式下地方政府对地方审计机关的影响，加强国家财政审计工作的一致性和独立性。但在这种领导关系下，由于地方审计机关受本级地方政府的领导，当地方利益与国家利益冲突或所需审计经费受制于本级政府时，地方审计机关的独立性就难以保证。我国地方审计机关实行的是双重领导关系，我国《宪法》规定：

地方各级审计机关对本级人民政府和上一级审计机关负责。

三、中国政府审计体制的设置

（一）审计机关设置的法律依据

古今中外政府审计的实践表明，审计机关的独立性和权威性是政府审计得以顺利进行的基本条件，而政府审计机关的独立性和权威性，须由法律来保证。从世界各国审计机关的设置来看，大都通过政府法律的形式，确立了政府审计的地位、作用、权限与职责。对此，最高审计机关国际组织（INTOSAI）第九届国际大会通过的《利马宣言》规定："最高审计机关的建立及其独立性的程度应在宪法中加以规定。"目前，各国审计机关的设置都有其法律渊源，有的是以成文宪法作为法律依据，有的是以不成文宪法作为法律依据。例如，英国的《大宪章》和《权利法案》等宪法性文件，规定了议会对国家的税收和财政的审查权力，这就意味着政府审计权归议会所有。英国议会还专门通过《财政和审计法》确认政府审计的地位。我国通过《宪法》和《审计法》确定了政府审计的法律地位和职责、权限。

（二）中国政府审计机关的组织模式

我国的审计机关是根据《宪法》第九十一条、第一百零二条的规定建立起来并实施审计工作的。《宪法》规定我国实行审计监督制度，国务院设立审计机关，县级以上的地方各级人民政府设立审计机关。由此看出，我国设立的国家审计机关和地方审计机关，它们分别隶属于国务院和地方人民政府，属于行政模式。

在我国，国家最高审计机关为审计署，归国务院领导，审计署与国务院其他部委级别相同。它具有双重法律地位：一方面，作为国务院的组成部门，要接受国务院总理的领导，执行国务院的行政法规、决定、命令，领导全国的审计工作；另一方面，审计署又有自己的职责范围，对自己所管辖的事项，以独立的审计主体，直接从事审计工作，并承担由此而产生的责任。审计署由署机关、派出机构和直属事业单位组成。

署机关内设专业审计司和综合行政部门两类，其中专业审计司有：财政审计司、金融审计司、行政事业审计司、农业与资源环保审计司、社会保障审计司、固定资产投资审计司、外资运用审计司、经济责任审计司、企业审计司、境外审计司。专业审计司主要负责直接进行审计，开展专项审计调查，组织派出机构和地方审计机关进行行业审计，对派出机构和地方审计机关进行业务指导等。综合行政部门有办公厅、法规司、国际合作司、人事教育司、直属机关党委等。综合行政部门主要负责机关内部综合行政工作、信息传递与对外宣传、审计计划统计、政策法规的制定、审计执法检查与审计质量管理、受理被审计单位提出的对下级审计机关或者派出机构的复议申请、人事调配、党群工作等。

派出机构包括特派员办事处和派出审计局两大类。审计署在部分中心城市设置了 18 个审计署驻地方特派员办事处，如审计署驻太原办事处。特派员办事处是审计署的内部机构，直属审计署领导，对审计署负责并报告工作。其主要职责是：按照审计署计划安排，对省、自治区、直辖市和计划单列市政府预算执行情况和决算以及预算外资金的管理和使用情况进行审计监督；对中央银行分支机构的财务收支，国有金融机构的资产、负债、损益进行审计监督；对审计署授权的中央部门所属国家建设项目的预算执行情况和决算，国际组织援助、赠款和贷款项目的财务收支进行监督。审计署在国务院有关部门和直属事业单位设置了 25 个派出审计局，如审计署外交外事审计局也直属审计署领导，对审计署负责并报告工作。其主要职责是：对管辖范围内的所在部门、直属事业单位及其在京直属单位的预算执行情况、决算草案以及其他财务收支进行审计监督，对所在部门或直属事业单位的内部控制、财务管理和财政资金使用效益进行审计或审计调查，对所在部门驻京外的直属单位提出加强审计监督的建议。

审计署直属事业单位有审计干部培训中心、审计科研所、计算机技术中心、出版社、报社等，主要负责干部培训、审计科学研究、审计信息化建设、审计图书资料的编辑出版等。

（三）中国政府审计机关的领导关系一

我国的地方审计机关是指省、自治区、直辖市、设区的市、自治州、县、自治县、不设区的市、直辖区人民政府设立的审计组织，负责本行政区域内的审计工作。省、自治区审计机关称审计厅，其他地方各级审计机关统称审计局。地方各级审计机关内部机构的设置与审计署的机构相对应，有些相应的职能部门可以合并，有的机构可以不设。

地方各级审计机关在法律上也具有双重地位：一方面，它是各级政府的一个职能部门，直接对本级政府行政首长负责；另一方面，地方审计机关对自己管辖范围内的审计事项，又以独立的行政主体资格从事活动。地方审计机关按照国家法律和本级政府的政策、决议行使权力，处理行政事务。

中国政府审计机关的领导关系是双重领导体制，即地方审计机关要受本级人民政府和上级审计机关的双重领导。本级人民政府的领导以行政领导为主，上级审计机关的领导以业务领导为主，上级审计机关的领导还体现在地方审计机关负责人的任免上，《审计法》规定，审计机关负责人依照法定程序任免，审计机关负责人没有违法失职或者其他不符合任职条件情况的，不得随意撤换，地方各级审计机关负责人的任免，应事先征求上一级审计机关的意见。

第二节　政府审计组织的职责、权限和审计的法律责任

审计职责是审计机关应完成的工作任务，审计权限是审计机关拥有的权力，法律责任是审计监督活动中发生的有关法律责任。三者有明显的区别，同时又有密切的联系。审计机关要完成法律赋予的任务，必须要拥有一定的权限，审计权限是完成审计职责的保证，法律责任是有关部门未完成审计职责应承担的法律后果。

《审计法》第三、四、五章分别规定了政府审计机关的职责、权限和法律责任。

一、审计机关的审计职责

审计职责是通过法律的形式表达的某一时期社会公众对政府审计机关提出的要求。我国《宪法》对审计机关的职责、权限做了原则性规定，《审计法》则对审计机关的职责、权限做了具体性规定。审计职责具有法定性和排他性的特点，法定性是指审计职责是《宪法》和《审计法》赋予审计机关的任务，相关部门必须确保审计机关认真执行，不得擅自扩大、缩小甚至推卸。排他性是指审计职责只有审计机关才能履行，其他单位、团体不能也不得行使审计监督职责。

（一）审计署的审计职责

1. 财政收支审计职责，主要包括：中央财政预算执行情况审计、国务院各部门（含直属单位）预算执行与决算审计、省级预算执行情况和决算审计、其他财政收支审计。

2. 财务收支审计职责，主要包括：中央各部门、事业单位及下属单位的财务收支审计，中央银行的财务收支和中央金融机关的资产、负债和损益状况的审计，国务院各部门管理的和受国务院委托由社会团体管理的社会保障基金、环境保护资金、社会捐赠资金及其他有关基金、资金的财务收支审计，国际组织和外国政府援助、贷款项目的财务收支审计以及其他审计。

3. 经济责任审计职责，主要包括：对有关国家机关、国有和国有资产占控股地位的企业和金融机关、国家的事业组织及其管理、使用财政资金的其他单位负责人，在任职期间对本地方、本部门或者本单位的财政收支、财务收支以及有关经济活动所负经济责任的履行情况进行审计监督。

4. 组织领导全国审计职责，主要包括：制定审计方针政策和规章制度，监督审计规章制度的执行，组织、领导、协调和监督各级审计机关的业务；与省级人民政府共同领导省级审计机关，协同办理省级审计机关负责人的任免事项；管理派驻地方的审计特派员办事处；组织实施对内部审计的指导与监督；被民间审计组织审计的企业单位，属于审计署依法审计监督对象范围的，审计署按照国务院的规定，有权对该民间审计组织出具的相关审计报告进行核查。

5. 通报审计情况和审计结果职责，主要包括：向国务院报告和向国务院有关部门通报审计情况，提出制定和完善有关政策法规、宏观调控措施的建议；向国务院总理提交中央预算执行情况的审计结果报告，受国务院委托向全国人大常委会提出中央预算执行情况和其他财政财务收支审计工作报告。

6. 其他审计职责，主要包括：组织实施对贯彻执行国家财政方针政策和宏观调控措施情况的行业审计、专项审计和审计调查；依法受理被审计单位对审计机关审计决定的复议申请；管理派驻地方的审计特派员办事处；组织审计专业培训，组织开展审计领域的国际交流活动等。

（二）地方审计机关的审计职责

1. 财政收支审计职责，主要包括：对本级财政预算执行情况和其他财政收支的审计，对下级人民政府预算的执行情况和决算以及预算外资金管理和使用情况的审计。

2. 财务收支审计职责，主要包括：对地方国有和国有资产占控股地位的金融机关的资产、负债、损益的审计；对地方国家事业组织的财务收支审计；对地方国有资产占控股地位或者主导地位的企业的审计；对地方政府投资、国有企业投资的建设项目和以政府投资、国有企业投资为主的建设项目的预算执行情况和决算，与国家建设项目直接有关的建设、设计、施工、采购等单位的财务收支的审计；对本级政府部门管理的和社会团体受政府委托管理的社会保障基金、社会捐赠资金、环境保护资金及其他有关基金、资金的财务收支的审计；对审计署授权的国际组织和外国政府援助、贷款项目的财务收支的审计；其他审计。

3. 经济责任审计职责，主要包括：审计机关受本级组织人事等部门的委托，对本地区有关国家机关、国有及国有资产占控股地位的企业和金融机关、国家的事业组织及管理、使用财政资金的其他负责人，在任职期间对本地方、本部门或者本单位的财政收支、财务收支以及有关经济活动所负经济责任的履行情况进行审计监督。

4. 通报审计情况和审计结果职责，主要包括：向地方政府报告和向地方政府有关部门通报审计情况；向地方政府行政首长提交本级预算执行情况的审计结果报告，受本级政府委托向本级人大常委会提出本级预算执行情况和其他财政财务收支审计工作报告。

5. 其他审计职责，主要包括：法律、行政法规规定的应当审计的其他事项。

二、审计机关的审计权限

审计机关享有的审计权限应当与其所承担的审计职责相适应。《审计法》和《审计法实施条例》及有关法规赋予审计机关的审计权限主要包括：

（一）要求报送资料权

要求报送资料权是指审计机关依法享有的要求被审计单位按照审计机关的规定提供与财政财务收支有关的资料的权力。它是审计机关最基本的权力，是履行审计监督职责的前提条件。

审计机关有权要求被审计单位提供的资料主要包括：预算或者财务收支计划、预算执行情况、决算、财务会计报告，运用电子计算机存储、处理的财政收支、财务收支电子数据和必要的电子计算机技术文档，在金融机关开立账户的情况，社会审计机关出具的审计报告以及其他与财政收支或者财务收支有关的资料。被审计单位不得拒绝、拖延、谎报，同时要求被审计单位负责人对本单位提供的财务会计资料的真实性、完整性负责。

（二）检查权

检查权是指审计机关依法享有的检查被审计单位与财政财务收支有关的资料和资产的权力。它是审计权限的核心，是审计机关享有的重要权利，因此，从一定意义上讲，审计就是一种检查。

审计机关有权检查的被审计单位的资料，主要包括：被审计单位的会计凭证、会计账簿、财务会计报告和运用电子计算机管理财政收支、财务收支电子数据的系统以及其他与财政收支、财务收支有关的资料。审计机关有权检查的被审计单位的资产是指被审计单位拥有或控制的能以货币计量的所有经济资源，包括各种财产、债权和其他权利。审计机关依法行使检查权时，被审计单位不得拒绝，不得转移、隐匿、篡改、毁弃有关的资料，不得转移、隐匿所持有的违反国家规定取得的资产。

（三）调查取证权

调查取证权是指审计机关依法享有的就审计事项的有关问题向有关单位和个人进行调查，并取得有关证明材料的权力。调查取证权是审计机关享有审计监督权的必要条件。

调查取证权的具体内容包括：有权就审计事项的有关问题向国家机关、社会团体、企事业单位和个人进行调查，有关单位和个人应当支持、协助审计机关工作，如实向审计机关反映情况；经县级以上人民政府审计机关负责人批准，有权查询被审计单位在金融机关的账户；有证据证明被审计单位以个人名义存储公款的，经县级以上人民审计机关主要负责人批准，有权查询被审计单位以个人名义在金融机关的存款。调查取证时，审计机关应持县级以上人民政府审计机关主要负责人签发的协助查询个人存款通知书。

（四）采取强制措施权

采取强制措施权是指审计机关对审计过程中发现的被审计单位违反审计法和国家规定的行为采取临时性强制措施的权力，目的是维护国有资产的安全完整，保证审计工作的顺利进行。

对被审计单位转移、隐匿、篡改、毁弃会计凭证、会计账簿、财务会计报告以及其他与财政收支或者财务收支有关的资料，转移、隐匿所持有的违反国家规定取得的资产的行为，审计机关有权予以制止，必要时，经县级以上人民政府审计机关负责人批准，有权封存有关资料和资产，对其中在金融机关的有关存款需要予以冻结的，应当向人民法院提出申请。对被审计单位正在进行的违反国家规定的财政、财务收支行为，审计机关有权予以制止，制止无效的，经县级以上人民政府审计机关负责人批准，通知财政部门和有关主管部门暂停拨付款项，已经拨付的暂停使用。采取强制措施权，不得影响被审计单位合法的业务活动和生产经营活动。

（五）建议纠正处理权

审计机关认为被审计单位所执行的上级主管部门有关财政收支、财务收支的规定与法律、行政法规相抵触的，应当建议有关主管部门纠正；有关主管部门不予纠正的，审计机关应当提请有权处理的机关依法处理。这项权力的规定有利于发挥审计在促进规章制度建设中的作用，有利于发挥审计对宏观管理的影响作用。

（六）通报或公布审计结果权

通报或公布审计结果权即审计机关有权向政府有关部门通报或者向社会公布审计结果和专项调查结果。审计机关通报或者公布审计结果和专项调查结果时，应当依法保守国家秘密和被审计单位的商业秘密，遵守国务院的有关规定。审计机关可以向社会公布下列审计事项的审计结果：①本级人民政府或者上级审计机关要求向社会公布的；②社会公众关注的；③

法律、法规规定向社会公布的其他审计事项的审计结果。

（七）提请协助权

提请协助权是指审计工作遇到困难时，审计机关请求有关职能部门予以协助的权力。审计机关履行审计监督职责时，可以提请公安、监察、财政、税务、海关、工商行政管理等机关予以协助。

三、审计的法律责任

审计法律责任的规定和实施有利于维护国家法律法规的尊严，有利于提高审计监督在国家政治经济生活中的地位和国民经济监督体系中的地位。

（一）被审计单位违反审计法的行为及其法律责任

被审计单位拒绝、拖延提供与审计事项有关的资料，提供的资料不真实、不完整的，或者拒绝、阻碍检查的；被审计单位转移、隐匿、篡改、毁弃会计凭证、会计账簿、财务会计报告以及其他与财政、财务收支有关的资料，或者转移、隐匿所持有的违反国家规定取得的资产。对被审计单位的上述行为，审计机关有权责令改正，可以通报批评，给予警告；拒不改正的，依法追究责任。

（二）被审计单位违反国家规定的财政、财务收支行为及其法律责任

本级政府各部门（含直属单位）和下级政府违反预算的行为或者其他违反国家规定的财政收支行为，如转预算内资金为预算外资金，越权与违法减免税收，截留、隐瞒、转移财政收入等。审计机关、人民政府或有关主管部门，在法定职权范围内，依照法律和行政法规的规定，区分情况采取下列措施：责令限期交纳应当上缴的款项，责令限期退还被侵占的国有资产；责令限期退还违法所得；责令按照国家统一的会计制度的有关规定进行处理；其他纠正措施。对违反国家规定的财务收支行为，审计机关除了予以处理外，还可依法给予行政处罚，主要是罚款和没收非法所得。

被审计单位违反国家规定的财务收支行为，如乱挤乱摊成本、隐瞒营业收入、盈亏不实、偷税漏税等。审计机关、人民政府或有关主管部门，

在法定职权范围内，依照法律和行政法规的规定，采取与违反财政收支行为相同的处理措施并给予处罚。

（三）被审计单位拒不执行审计机关的审计决定应承担的法律责任

被审计单位对审计机关依法做出的有关财务收支的审计决定不服的，可以依法申请行政复议或者提起行政诉讼；被审计单位对审计机关依法做出的有关财政收支的决定不服的，可以提请审计机关的本级人民政府裁决，本级人民政府的裁决为最终决定。裁决期间审计决定应照常执行。

被审计单位对审计机关做出的处理决定没有异议但又不执行审计决定的，审计机关应该责令被审计单位上缴应当上缴的款项，被审计单位拒不执行的，审计机关应当通报有关主管部门，有关主管部门应当依照有关法律、行政法规的规定予以扣缴或者采取其他处理措施，并将结果书面通知审计机关。

（四）对违反审计法和违反国家规定的财政、财务收支行为负有直接责任的个人的法律责任

对被审计单位违反财政、财务收支行为负直接责任的主管人员和其他直接责任人员，审计机关认为应当给予行政处分的，应向被审计单位或者其上级机关、监察机关提出处分的建议，上述部门应将处分的结果书面通知审计机关。审计机关认为构成犯罪的，应向司法机关提出依法追究刑事责任的建议，司法机关应依法追究刑事责任。报复陷害审计人员的，不构成犯罪的，有关部门依法给予行政处分，构成犯罪的，由司法机关依法追究刑事责任。

（五）审计人员滥用职权、徇私舞弊、玩忽职守、泄露秘密的法律责任

如果审计人员违反法律规定，滥用职权、徇私舞弊、玩忽职守或者泄露所知悉的国家秘密、商业秘密，造成不良后果甚至危害社会的，构成犯罪的，依法追究刑事责任；不构成犯罪的，给予行政处分。审计人员违法违纪取得的财物，依法予追缴、没收或者责令退赔。

第三节　政府审计人员

一、政府审计人员的组成

政府审计人员是指在审计机关中接受政府指令或委托、依法行使审计监督权、从事具体审计业务的人员。政府审计人员是审计监督行为的执行者，它的组成形式和业务素质直接决定着政府审计的质量和效果。

政府审计拥有其特定的审计人员组成结构和形式。根据我国《宪法》和有关规定，审计署设审计长一人，副审计长若干人。审计长是审计署的行政首长，由国务院总理提名，全国人民代表大会决定人选，国家主席任免；副审计长则由国务院任免。县级以上地方各级审计机关负责人是本级人民政府的组成人员，由本级人民代表大会常务委员会决定任免，副职由本级人民政府任免；审计机关负责人依照法定程序任免，审计机关负责人没有违法失职或者其他不符合任职条件情况的，不得随意撤换。地方各级审计机关负责人、副职的任免、调动和纪律处分，均应事前征得上级审计机关的同意。这些规定在现行政府审计模式下，既有利于地方审计机关与地方政府的业务合作，又有利于保证地方审计机关客观公正地开展审计工作。

政府审计机关审计人员实行专业技术资格制度，审计署和省级审计机关建立专业技术资格考试、评审制度。审计专业技术资格分为初级资格（审计员、助理审计师）、中级资格（审计师）、高级资格（高级审计师）。初级资格、中级资格通过参加全国统一考试，并达到合格标准后获得。高级资格实行考试与评价相结合的方法，考试合格和评价通过后，取得高级审计师的资格。审计机关录用的审计人员，经过专业培训，训练合格后，才能开展审计业务。审计机关的专业人员由熟悉会计、审计、财务的人员组成，还可根据工作需要临时聘任工程技术人员、经营管理人员、法律工作人员等。

二、政府审计人员的素质要求

社会主义国家的政府审计代表社会公众或所有纳税人对政府、国有企事业及其他公共资源的使用者的受托经济责任进行审计。委托人广泛、审计范围全面、审计业务复杂是政府审计固有的特点，是内部审计、民间审计所不能及的，因此，政府审计人员素质的高低、职业道德遵守情况的好坏，不仅影响政府审计职业的形象，而且关乎政府审计目标能否实现。政府审计人员的素质包括政治素质和业务素质。

（一）政治素质

政治素质是指政府审计人员必须恪守作为社会公众利益的代表、公共资产的维护神的精神理念，奉行《宪法》《审计法》至上的观念。具备较高的思想政治觉悟，自觉贯彻执行国家的各项财经法规和制度、方针、政策。热爱政府审计事业，具有敬业、爱岗、奉献精神。

（二）业务素质

业务素质是指政府审计人员必须具备与履行职责相适应的专业知识和技能。应当熟悉国家有关政策、法律、法规以及审计、会计和其他相关专业知识；掌握检查财政财务收支账目，搜集证据、评价审计事项的技能；具有调查研究、综合分析、沟通协调和文字表达能力。在我国，不同审计专业职称对应不同的业务素质能力要求，具体如下：

高级审计师应具备的专业知识和业务能力：具有系统、坚实的审计专业和经济理论基础知识，熟悉财政、税务、金融和基建、企业财务管理、会计核算等相关知识。了解国家宏观经济政策和各项经济改革措施，熟悉与审计工作相关的经济法律、法规，通晓《审计法》和各项配套法规以及有关行业的财务会计制度。了解国内外审计专业的发展趋势、国际审计准则以及最高审计机关国际组织主要成员国有关审计工作的法律、规范、办法等。能熟练运用基础理论和专业知识解决审计领域内重要的或关键的疑难问题；能针对审计工作发展的新形势，提出与之相适应的审计工作重点、方式与方法；能解决审计工作与其他工作配合、协调中的重大问题；能够组织、指导中级审计人员学习审计业务，指导、考核其业务工作；能够主持审计科研课题研究工作；具有较强的文字表达能力。熟练掌握一门外语，了解计算机基础知识，掌握计算机操作技能。

审计师应具备的专业知识和业务能力：掌握比较系统的审计专业理论和业务知识，有一定的经济基础理论和经济管理知识以及经济法知识。熟悉并能正确执行国家有关财经方针、政策、法令及规章制度。有较丰富的审计实际工作经验和一定的分析能力，能组织和指导具体审计项目的审计工作并担任主审；能组织实施行业性审计或审计调查；能承担重大专案审计工作任务；具有一定的审计科研能力和文字表达能力。掌握一门外语，了解计算机基础知识，运用计算机完成有关审计业务工作。

助理审计师应具备的专业知识和业务能力：掌握审计专业基础理论和专业知识，掌握经济管理基础知识，基本了解经济法知识。了解并能够正确执行国家有关财经方针、政策、法令及规章制度。掌握有关的审计技术方法，能够承担某个方面的审计工作。初步掌握一门外语，了解计算机基础知识，运用计算机完成某一方面的审计业务工作。

审计员应具备的专业知识和业务能力：掌握审计专业基础理论和专业知识，了解经济管理和经济法知识。了解国家有关财经方针、政策、法令及规章制度，能协助审计师和助理审计师开展审计业务工作。

三、政府审计人员的职业道德

为了确保政府审计的质量，树立政府审计的职业形象，政府审计机构或人员除了应遵守政府审计准则外，还应自觉践行政府审计人员职业道德。我国审计署非常重视审计人员职业道德建设，1996 年审计署颁布了《审计机关审计人员职业道德准则》，并于 2001 年 8 月 1 日做了进一步修改。自 2011 年 1 月 1 日开始执行的《国家审计准则》第二章对审计人员必须遵守的职业道德做了重新规定，同时 2001 年修订的《审计机关审计人员职业道德准则》被废止。政府审计人员的职业道德是指政府审计人员在执行审计监督时必须遵守的行为规范，具体包括职业道德的一般原则、独立性、职业胜任能力、应有的职业谨慎和严守秘密等内容。

（一）一般原则

职业道德的一般原则，是审计人员开展审计工作时应遵守的原则性规定。审计人员办理审计事项时，应恪守严格依法、正直坦诚、客观公正、勤勉尽责、保守秘密等职业道德的一般原则。

严格依法就是审计人员应当严格依照法定的审计职责、权限和程序进行审计监督，规范审计行为。正直坦诚就是审计人员应当坚持原则，不屈从于外部压力；不歪曲事实，不隐瞒审计发现的问题；廉洁自律，不利用职权谋取私利；维护国家利益和公共利益。客观公正就是审计人员应当保持客观公正的立场和态度，以适当、充分的审计证据支持审计结论，实事求是地做出审计评价和处理审计发现的问题。勤勉尽责就是审计人员应当爱岗敬业，勤勉高效，严谨细致，认真履行审计职责，保证审计工作质量。保守秘密就是审计人员应当保守其在执行审计业务中知悉的国家秘密、商业秘密；对于执行审计业务取得的资料、形成的审计记录和掌握的相关情况，未经批准不得对外提供和披露，不得用于与审计工作无关的目的。

（二）独立性

审计人员在执行职务时，必须保持应有的独立性，不受其他行政机关、社会团体和个人的干涉。为此，审计人员应达到以下要求：

（1）审计人员遇到下列可能损害审计独立性的情形时，应当依法回避：与被审计单位负责人或者有关主管人员有夫妻关系、直系血亲关系、三代以内旁系血亲以及近姻亲关系，与被审计单位或者审计事项有直接经济利益关系，对曾经管理或者直接办理过的相关业务进行审计，可能损害审计独立性的其他情形。

（2）审计人员不得参加影响审计独立性的活动，不得参与被审计单位的管理活动。

（3）审计机关组建审计组时，针对具体情况采取下列措施，避免损害审计独立性：依法要求相关审计人员回避；对相关审计人员执行具体审计业务的范围做出限制；对相关审计人员的工作追加必要的复核程序；其他措施。

（4）审计机关应当建立审计人员交流等制度，避免审计人员因执行审计业务长期与同一被审计单位接触可能对审计独立性造成的损害。

（三）职业胜任能力

审计人员应当具备与从事的审计工作相适应的专业知识、职业技能和工作经验,并保持和提高职业胜任能力。审计人员不得从事不能胜任的业务,还应当遵守审计机关的继续教育和培训制度,参加审计机关举办或者认可的继续教育、岗位培训活动,学习会计、审计、法律、经济等方面的新知识,掌握与从事工作相适应的计算机、外语等技能,不断优化知识结构,更新职业技能,积累工作经验,保持持续的职业胜任能力。为了保障审计工作的顺利进行,补齐审计职业胜任能力的差异,审计机关应当合理配备审计人员,组成审计组,确保其在整体上具备与审计项目相适应的职业胜任能力,以此来保障审计组织整体的胜任能力。

（四）应有的职业谨慎

审计人员执行审计业务时,应当合理运用职业判断,保持职业谨慎,对被审计单位可能存在的重要问题保持警觉,并审慎评价所获取审计证据的适当性和充分性,得出恰当的审计结论。

（五）严守秘密

审计人员还需要对其执行职务时知悉的国家秘密和被审计单位的商业秘密负有保密的义务,尤其是对执行职务中取得的资料和审计工作记录,未经批准不得对外提供和披露,不得用于与审计工作无关的目的。

第四节　政府审计法律规范

政府审计法律规范是指政府审计监督制度建立的法律依据和政府审计机关及其审计人员在审计工作过程中应当遵循的各种审计法规、制度、准则等的总称,包括政府审计法律体系、政府审计法规体系和政府审计准则三个层次。

一、政府审计法律体系

政府审计法律体系是全国人民代表大会及其常务委员会制定的《宪法》《审计法》和其他与审计有关的法律,是层次最高、法律效力等级最高的审计规范。

《宪法》是国家的根本大法，它主要确定国家根本的政治制度、经济制度、公民的基本权利和义务、国家机构的设置和职权等。我国 1982 年制定的《宪法》明确规定我国建立国家审计监督制度。之后，虽然经过了 1988 年、1993 年、1999 年与 2004 年修正，但是关于审计监督制度的内容一直保持不变。《宪法》中有两条专门规定国家审计制度，第九十一条规定："国务院设立审计机关，对国务院各部门和地方各级政府的财政收支，对国家的财政金融机构和企业事业组织的财务收支，进行审计监督。审计机关在国务院总理领导下，依照法律规定独立行使审计监督权，不受其他行政机关、社会团体和个人的干涉。"第一百零九条规定："县级以上的地方各级人民政府设立审计机关。地方各级审计机关依照法律规定独立行使审计监督权，对本级人民政府和上一级审计机关负责。"此外，还有关于审计机关行政首长的地位和任免的相关规定。

《审计法》是 1994 年 8 月 31 日第八届全国人民代表大会常务委员会第九次会议通过的新中国第一部审计法，2006 年 2 月 28 日第十届全国人民代表大会常务委员会第二十次会议《关于修改〈中华人民共和国审计法〉的决定》修正了 1994 年通过的《审计法》，于 2006 年 6 月 1 日开始实施。《审计法》是调整和规范审计监督活动的基本法，集中体现和反映了社会对审计监督的根本要求。修正后的《审计法》共七章五十四条，对我国审计监督的总则、审计机关和审计人员、审计机关职责、审计机关权限、审计程序、法律责任等国家审计的基本制度做了全面规定。总则包括：审计法制定的目的和依据，审计监督的范围和目标，独立性的要求，客观公正地办理审计事项等。审计机关和审计人员包括：国家审计机关的设置，地方审计机关的领导关系，派出机构的设立，审计经费预算的来源，审计人员的专业胜任能力，利害关系的回避，严守秘密，依法审计的法律保护等。审计机关职责包括：财政收支审计职责，财务收支审计职责，经济责任审计职责，通报审计情况和审计结果的职责，其他审计职责，审计署组织领导全国审计职责等。审计机关权限包括：要求报送资料权，检查权，调查取证权，采取强制措施权，建议纠正处理权，通报或公布审计结果权，提请协助权。审计程序包括：依据审计项目计划组建审计组、下达审计通知书，检查会计资料及资产、调查有关单位或个人，审计组向审计机关提交审计报告并附送被审计单位的意见，审计机关审定审计报告、下达审计决定书、出具审计意见书。法律责任包括：被审计单位或个人违反审计法和国家规定的财政、财务收支行为应承担的法律责任，审计人员违反审计法应承担的法律责任。

其他与审计有关的法律主要有两类：一是有关财经法律，主要有《中华人民共和国预算法》《中华人民共和国税收征收管理法》《中华人民共和国海关法》《中华人民共和国中国人民银行法》《中华人民共和国商业银行法》《中华人民共和国会计法》等，这些法律就审计机关对这些领域的审计监督做了明确规定，同时这些财经法律也是审计机关实施审计后对被审计单位的违法行为进行处理处罚的依据；二是对国家行政活动进行监督管理的法律，主要有《中华人民共和国行政复议法》《中华人民共和国行政处罚法》《中华人民共和国行政诉讼法》《中华人民共和国国家赔偿法》等。政府审计监督活动属于国家的行政行为，审计机关作为国家行政机关，开展审计监督时应该遵守这些法律的规定。

二、政府审计法规体系

政府审计法规体系是国务院制定的有关审计行政法规和地方人民代表大会及其常务委员会制定的地方性审计法规。政府审计法规体系是我国层次较高，法律效力等级仅次于审计法律的审计规范。

审计行政法规是国务院根据《宪法》《审计法》及有关法律制定的，在全国范围使用的具有普遍约束力的有关政府审计的规范性文件。主要有：1997年10月颁布，2010年2月国务院第100次常务会议修订通过的《中华人民共和国审计法实施条例》；1998年6月国务院办公厅印发的《国务院办公厅关于印发审计署职能配置、内设机构和人员编制规定的通知》；2010年12月中央办公厅、国务院办公厅印发的《党政主要领导干部和国有企业领导人员经济责任审计规定》。除此之外，国务院还制定了其他与政府审计有关的行政法规、行政措施等，如《关于实行罚款决定和处罚收缴分离实施办法》《全民所有制工业企业转换经营机制条例》《国务院关于加强抗灾救灾管理工作的通知》等。

地方性审计法规是地方人民代表大会及其常务委员会在不与宪法、法律、行政法规相抵触的前提下制定的，在本地区范围内适用的有关政府审计的规范性文件。主要有两种类型：一是地方人民代表大会及其常务委员会制定的专门规定政府审计的地方性法规，如2001年深圳市通过市人大立法出台的《深圳经济特区审计监督条例》；二是地方人民代表大会及其常务委员会制定的与政府审计有关的其他地方性法规，如《长沙市人民代表大会及其常务委员会制定地方性法规条例》（2001 年 1 月 8 日长沙市第十一届人民代表大会第四次会议通过，3 月 30 日湖南省第九届人民代表大会常务委员会第二十一次会议批准）。

三、政府审计准则

审计准则是审计机关和审计人员在实施审计过程中应遵守的技术规范，是执行审计业务的职业标准，是评价审计工作质量的基本尺度。政府审计准则是政府审计法律规范内容的进一步细化，具体而言，是《审计法》内容的具体化、细化，是审计实践中贯彻审计法律法规的操作性规范。制定科学的审计准则并严格遵循，对保证审计执业质量，实现审计工作的规范化、维护政府审计和人员的权益、维护社会公众利益、树立政府审计的威信具有重要的作用。

我国审计署自 1989 年开始，就一直致力于审计准则的研究、制定、修订和完善，1996 年起陆续发布了一系列审计准则，2000 年又对已发布法的审计准则进行了全面的修订和补充，形成了包括政府审计基本准则、通用审计准则和专业审计准则以及审计指南在内的层次分明、相互依存、相互补充、内容完整的政府审计准则体系。2010 年我国审计署在借鉴最高审计机关国际组织审计准则的制定经验及成文范例基础上，根据我国国家审计的具体特点和工作需要，制定了一个既能满足政府审计工作需要具体适用的国家审计准则——《国家审计准则》。该准则颁布后，原来的国家审计基本准则、通用审计准则和专业审计准则以及审计指南被废止。

《国家审计准则》的内容包括总则、审计机关和审计人员、审计计划、审计实施、审计报告、审计质量控制和责任、附则，共七章二百条。

1. 总则的主要内容包括：制定国家审计准则的目的、依据，审计准则的定义，审计准则的适用范围，被审计单位的责任与审计责任的划分，审计目标，审计范围，审计程序的总体要求。

2. 审计机关和审计人员是对审计机关及其审计人员应当具备的基本资格条件和职业要求所做的规定。主要内容包括：审计机关执行审计业务应具备的资格条件；审计人员执行审计业务应具备的职业要求，如审计人员应遵守的基本职业道德、独立性的要求、审计人员应具备专业胜任能力的要求，审计人员应合理运用职业判断和保持应有的职业谨慎等。

3.审计计划是审计机关对本年度审计项目所做的规划。主要内容包括：审计机关应当根据法定的审计职责和审计管辖范围，编制年度审计项目计划，年度审计项目计划的编制步骤，年度审计项目计划需要调整的情形，上级审计机关对下级审计机关审计项目计划编制的指导，需要编制审计工作方案的情形，审计工作方案的编制、审批和调整，年度审计项目计划执行情况的检查。

4.审计实施是审计作业阶段应遵循的规定。主要内容包括：

（1）审计实施方案：组成审计组，下达审计通知书，审计实施方案的编制、调整和审定，了解被审计单位及其相关情况，测试内部控制的有效性和安全性。

（2）审计证据：审计人员应获取充分、适当的审计证据，审计人员获取审计证据的方法和程序。

（3）审计记录：审计人员应当真实完整地编制审计记录，审计记录包括了解记录、审计工作底稿和重要管理事项记录，审计工作底稿的编制方法和内容，审计工作底稿的检查和复核的要求。

（4）重大违法行为检查：审计人员需要关注的可能存在重大违法行为的情况及针对重大违法行为采取的应对措施。

5.审计报告是审计组反映审计结果、提出审计报告以及审计机关审定审计报告时应当遵守的行为规范。其主要内容包括：

（1）审计报告的形式和内容：审计机关提交审计报告的程序，审计报告的编制要求，审计决定书和审计移送处理书出具的情形和内容。

（2）审计报告的编审：审计组编制审计报告要求，审计组向审计机关业务部门报送的资料，审计机关业务部门复核的内容和要求，审理机构的审理内容和要求，审计报告和审计决定书的审定和签发。

（3）专题报告和综合报告：专题报告和综合报告适用的情形、编制的要求和报送，本级预算执行情况和其他财政收支情况的审计报告需经本级政府首长审定后向本级人民代表大会常务委员会报告。

（4）审计结果公布：依照法律审计结果和审计调查结果需要公布和不得公布的信息，审计机关公布审计结果和审计调查结果的要求。

（5）审计整改检查：审计机关审计整改检查的内容、整改检查的方式、整改检查报告的内容、整改检查结果的报送。

6. 审计质量控制和责任是审计机关为了督促有关人员严格遵守法律法规和本准则、做出恰当的审计结论和依法进行处理处罚所做的规定。其主要内容包括：审计机关应当围绕审计质量责任、审计职业道德、审计人力资源、审计业务执行、审计质量监控建立审计质量控制制度；审计机关实行审计组成员、审计组主审、审计组组长、审计机关业务部门、审理机构、总审计师和审计机关负责人对审计业务的分级质量控制；审计机关对其业务部门、派出机构和下级审计机关的审计业务质量进行检查的方式、内容和要求。

7. 附则的主要内容包括：不适合本准则的审计机关的工作，地方审计机关可以结合本地实际情况依据本准则规定制定实施细则、本准则的解释权和施行时间。

第六章　政府审计基本业务流程

第一节　审计项目计划

一、审计计划概述

（一）审计计划的含义

审计计划是指审计机关对未来一定时期内的审计工作任务做出的统一安排。为了更好地履行审计监督职责、充分发挥审计的作用，各级政府审计机关有必要考虑国家经济建设和廉政建设的要求，配合政府需要着力解决的经济管理中的热点和难点问题，根据现有的审计资源，对一定时期审计工作的指导思想、总体思路、项目安排的特点、重点领域、具体任务、完成措施、时间和步骤等进行事前的具体安排，形成审计计划。

（二）审计计划的种类

按照审计计划涵盖期限的长短，审计计划可以划分为中长期审计计划和短期审计计划。中长期审计计划的计划期一般应在 1 年以上，大多采用滚动计划法进行编制。短期审计计划，也称年度审计项目计划，其涵盖的期限一般为 1 年，年度审计项目计划是审计计划的主要形式，是审计机关在本年度开展审计工作的依据。本节下文介绍的审计计划为年度审计计划，也称审计项目计划。

按照编制的主体，审计项目计划可划分为审计署审计项目计划和地方审计机关审计项目计划。审计署审计项目计划是审计署为履行审计职责而对其计划期内的审计项目和专项审计调查项目做出的具体安排，是审计署在本年度开展审计工作的依据。地方审计机关审计项目计划是地方审计机关为履行审计职责而对其管辖范围内的审计项目和专项审计调查项目做出的具体安排，是地方审计机关在本年度开展审计工作的依据。

按照审计计划的从属关系，审计计划可分为审计项目计划、审计工作方案和审计实施方案。审计项目计划是审计机关为履行审计职责而对其计划期内的审计项目和专项审计调查项目做出的具体安排，是审计机关在本年度开展审计工作的依据。审计工作方案是审计机关统一组织多个审计组共同实施一个审计项目或者分别实施同一类审计项目时，由审计机关业务部门编制的审计工作方案，是对审计项目的审计目标、范围、内容和重点、组织等方面所做的安排，其目的是为了协调统一行动、完成共同的审计目标和提高审计效率。审计实施方案是由审计组编制的对审计人员具体、详细操作安排的方案，包括项目总体审计方案和具体审计方案，是审计的指南。

二、审计项目计划的内容

（一）审计项目的构成及确定

审计项目是指按照被审计单位或被审计的具体对象进行划分的审计活动的种类。审计项目计划中的审计项目按其来源可以分为以下几类：第一，上级审计机关统一组织的审计项目，它是上级审计机关为了更好地发挥审计在宏观调控中的作用，围绕政府工作重心所确定的在所辖区域内由下属各级审计机关统一开展的审计项目，该类项目作为下级审计机关的必选项目。第二，授权审计项目，它是由上级审计机关授权下级审计机关实施的、属于上级审计机关管辖范围内的审计项目，该类项目同样属于下级审计机关的必选项目。第三，政府交办项目，它是各级政府要求审计机关实施审计的项目，对于该类项目，各级审计机关也必须及时列入项目计划。第四，其他交办、委托或举报项目，如本级人大或政协等交办的项目，纪律检查委员会、监察部门、组织人事部门和业务主管部门委托的项目，审计机关认为应当实施的群众举报项目。第五，自行安排的审计项目，它是指各级审计机关根据自己的审计力量情况在本机关审计管辖和分工范围内，自行安排开展的审计项目。

审计机关选择审计项目需要遵循下列步骤：第一，调查审计需求，初步选择审计项目。审计需求一般包括：国家和地区财政收支、财务收支以及有关经济活动情况，政府工作的中心，本级政府行政首长和相关领导机关对审计工作的要求，上级审计机关安排或者授权审计的事项，有关部门委托或者提请审计机关审计的事项，群众举报、公众关注的事项，经分析相关数据认为应当列入审计的事项，其他方面的需求。第二，对初选审计项目进行可行性研究，确定初选审计项目的审计目标、审计范围、审计重点和其他重要事项。可行性研究重点调查研究下列内容：与确定和实施审计项目相关的法律法规和政策，管理体制、组织结构、主要业务及其开展情况，财政收支、财务收支状况及结果，相关的信息系统及其电子数据情况，管理和监督机构的监督检查情况及结果，以前年度审计情况，其他相关内容。第三，对初选审计项目进行评估，确定备选审计项目及其优先顺序，评估内容包括：项目的重要程度，项目的风险水平，审计项目的预期效果，审计项目的频率和覆盖面，项目对审计资源的要求。

对于审计机关必选的审计项目，可以不经过上述选择步骤，直接列入审计项目计划。

下列项目需要列入必选审计项目：法律法规规定每年应当审计的项目，本级政府行政首长和相关领导机关要求审计的项目，上级审计机关安排或者授权的审计项目。根据中国政府及其机构与国际组织、外国政府及其机构签订的协议和上级审计机关的要求，审计机关确定对国际组织、外国政府及其机构援助、贷款项目进行审计的，应当纳入审计项目计划。

对于预算管理或者国有资产管理使用等与国家财政收支有关的特定事项，符合下列情形的，可以进行专项审计调查：涉及宏观性、普遍性、政策性或者体制、机制问题的，事项跨行业、跨地区、跨单位的，事项涉及大量非财务数据的，其他适宜进行专项审计调查的。

（二）审计项目计划的内容

审计项目计划的核心是审计项目的安排，审计项目一定要按照上级审计机关统一组织项目、授权项目、政府交办项目和自行安排项目的顺序进行安排。审计项目计划可以采取文字的形式，也可以采取表格的形式，或者采用文字和表格相结合的形式。审计项目计划的文字部分主要包括：上年度审计项目计划的完成情况，本年度审计项目安排的指导思想，审计项目计划编制的依据，所确定的主要任务，完成计划的重要措施。表格部分主要列明审计项目的名称、类别、级别和数量，完成计划项目的时间、要求和责任单位，被审计单位的名称及其主管部门和所在地区等。另外，采取跟踪审计方式实施的审计项目，其审计项目计划还应当列明跟踪的具体方式和要求；专项审计调查项目的审计项目计划应当列明专项审计调查的要求。

三、审计项目计划的编制、调整、报告与检查

（一）审计项目计划的编制

为保证政府审计项目计划的科学有效和切实可行，审计项目计划编制过程中应遵循以下原则：第一，依法审计、独立监督的原则，在法定职责内自主安排审计项目，排除来自其他行政机关、社会团体和个人的干扰。第二，服务全局的原则，在选择审计项目时，要注意围绕国家和本地区经济工作中心和宏观经济调控重点展开。第三，全面审计与重点审计相结合的原则，安排审计项目时既要注意审计的覆盖面，又要确保重点审计项目不遗漏。第四，量力而行、留有余地的原则，安排审计项目时既要充分利用现有的审计资源，又要适当预留一部分审计资源以应付计划执行过程当中可能会发生的审计风险。第五，协调平衡、避免重复的原则，安排审计项目时既要注意避免将很多项目安排在相同的时间内实施，又要避免出现重复审计的现象。

审计机关编制政府审计项目计划，除上级审计机关统一组织的审计项目外，应当在规定的审计管辖范围内安排。审计署统一组织的政府审计项目计划，由审计署各专业审计司或者派出机构在调查审计需求、进行可行性研究、确定备选项目的基础上，于每年11月提出安排意见，并填制统一印发的审计项目工作量测算报表；审计署计划管理部门对备选审计项目排序、配置审计资源、编制审计项目计划草案，将审计项目计划草案报审计长会议，审计长会议根据审计项目评估结果，确定年度审计项目计划。省级审计机关根据审计署统一组织的审计项目、授权审计项目和当地实际情况，编制本地区政府审计项目计划，并报经本级政府行政首长批准，于每年4月底前报审计署备案。

（二）审计项目计划的调整.

经过审批确定的政府审计项目计划，规定了审计机关在一定时期内的工作目标和责任，是审计机关开展审计工作的重要依据。政府审计项目计划一经下达，各级审计机关应当采取积极有效的措施，将审计项目及时下达到审计项目组织和实施单位，执行审计的单位必须认真组织实施。同时，为了完成审计项目规定的审计目标，审计机关应当对确定的审计项目配备必要的审计人力资源、审计时间、审计技术装备、审计经费等审计资源。

没有特殊情况，政府审计项目计划不应变更和调整。下列情况除外：本级政府行政首长和相关领导机关临时交办审计项目的；上级审计机关临时安排或者授权审计项目的；突发重大公共事件需要进行审计的；原定审计项目的被审计单位发生重大变化，导致原计划无法实施的；需要更换审计项目实施单位的；审计目标、审计范围等发生重大变化需要调整的；需要调整的其他情形。

遇到上述特殊情况，应当按照规定的程序报批，经批准后方可进行调整。具体程序为：第一，审计署统一组织政府审计项目计划的调整，由审计署有关专业审计司提出意见，送审计署办公厅协调办理，报审计署领导审批后，通知有关单位执行。第二，授权地方审计机关政府审计项目计划的调整，由省级审计机关提出意见，报审计署审批。第三，地方政府审计项目计划的调整，由下达计划的审计机关审批。第四，领导交办项目及时报批、调整。

（三）审计项目计划执行情况的报告与检查

为了使审计项目计划真正落到实处，审计机关必须实行审计项目计划执行情况的报告制度。凡审计署统一组织审计项目计划的执行情况，由审计署有关专业审计司、审计署派出机构和省级审计机关向审计署提出书面报告。报告的主要内容包括：计划执行进度、计划执行中发现的主要问题、措施和建议等。审计署有关专业审计司、审计署派出机构和省级审计机关应当分别于每年7月和次年2月向审计署提出上半年及全年计划执行情况的综合报告。

此外，各级审计机关应当组成审计项目质量检查组，根据有关法律、法规和规章的规定，对本级派出机构或下级审计机关完成审计项目的质量情况进行检查。检查的主要内容包括：计划编制、执行情况报告的及时性、完整性，计划安排的科学性、合理性，计划完成质量及效果等。在检查的基础上，对被考核单位要做出恰当的评价意见或结论。例如，审计署每年有重点地对中央授权项目的审计质量进行抽查，对未按规定认真履行职责，或审计质量未能达到要求的地方，予以通报批评，并暂停对其授权。凡因审计机关和审计人员工作失职、渎职等造成重大审计质量问题的，要依法追究有关领导和直接责任人员的责任。

四、审计工作方案的编制和调整

（一）审计工作方案的内容及格式

当年度审计项目计划确定审计机关统一组织多个审计组共同实施一个审计项目或者分别实施同一类审计项目时，审计机关业务部门应当编制审计工作方案。

审计工作方案的内容一般包括文字和表格两部分。文字部分主要表述：编制审计方案的依据和目的、审计范围、审计内容及重点、组织分工以及实施进度及汇总报告等。表格部分是根据审计目标和内容，以及汇总分析需要而设计的一些指标，用以填报有关该项目审计情况和问题的数据资料。

（二）审计工作方案的编制、审批和调整

审计工作方案由审计机关业务部门编制，经综合计划部门会签后报所在审计机关批准。审计机关业务部门应当根据年度审计项目计划形成过程中调查审计需求、进行可行性研究的情况，开展进一步调查，对审计目标、范围、重点和项目组织实施等进行确定。

审计工作方案由综合计划部门负责审核，审核审计工作方案时要注意以下几点：审计目的、审计范围及审计重点的确定是否恰当；组织分工、实施进度和汇总报告方式是否可行；表格部分设计的指标是否必要和合理，是否具有可操作性。

审计工作方案经批准后，在审计项目的整个实施阶段都要遵照执行。审计机关业务部门根据审计实施过程中情况的变化，可以申请对审计工作方案的内容进行调整，并按审计机关规定的程序报批。

第二节　审计项目的准备阶段

审计项目的准备阶段，是指从组成审计组到编制审计实施方案为止的这一段时期。准备阶段在整个审计项目流程中居于重要位置，准备阶段的各项准备工作是否充分，直接影响着审计工作能否顺利进行、审计工作效率的高低和预定审计目标能否实现。

一、组成审计组

审计机关应当根据审计项目计划所确定的审计事项，按照其特点和要求，选派适当的审计人员组成审计组，审计组由审计组组长和其他成员组成，审计组实行审计组组长负责制，审计组组长由审计机关确定。审计组组长可以根据需要在审计组成员中确定主审，主审应当履行其规定职责和审计组组长委托履行的其他职责。

成立审计组时，应注意以下三个问题：第一，人员的数量和知识机构。审计机关应根据审计项目的性质、预计工作量、项目的难易程度和完成的时间要求等因素，确定所需的审计人员数量及知识结构。第二，保持审计人员分工的稳定性。为了提高审计效率，在确定审计组成员时，应尽量包括曾经对该类项目进行过审计的人员或以此类人员为主。第三，严格遵守回避制度。为了保证审计工作的客观公正，凡是与被审计单位有利害关系的人员，均不得进入审计组。

二、进行审计前调查

制订审计实施方案是审计准备阶段的核心工作，审计实施方案合理与否，关乎审计工作效率的高低和审计质量的好坏。为了确保审计方案的切实可行，组成政府审计组后，应进行初步的审前调查。其内容包括：第一，被审计期间的宏观经济环境，例如国民经济的景气程度、财政政策、货币政策等；第二，被审计单位所在行业的情况，例如市场供求关系和竞争格局，经营的周期性或季节性，行业的关键指标及统计数据，行业的现状及其发展趋势，行业适用的法律、法规和特定会计准则以及其他特殊惯例，生产经营技术变化等；第三，被审计单位的内部治理结构和经济管理体制，特别是经营业绩的考评办法；第四，被审计单位的生产经营业务流程及其特点；第五，被审计单位内部控制的设置和贯彻情况；第六，被审计单位的财务状况和经营成果等。

审前调查可以采取实地调查，查阅相关资料，走访上级主管部门、监管部门、组织人事部门，在被审计单位召开座谈会等形式。审前调查一般在送达审计通知书前进行，必要时，也可以在向被审计单位送达审计通知书后进行。

三、开展审前培训

为了使参审人员明确要求，熟悉有关审计依据，正确掌握政策界限，应当组织审前培训。特别是上级审计机关统一组织的审计项目、审计机关首次开展的新型审计项目，或其他一些大型审计项目，审前培训尤其重要。培训内容应当有：有关法律法规和政策规定，被审单位核算程序及方法，主要的专业管理规定以及必要的相关审计技术和方法等。审前培训形式可以多种多样，如编制审计讲解提纲、请专家介绍情况、审计人员互相交流审计方法和经验。同时，在审前培训时，要锁定培训重点，结合行业或专项资金的业务特点，有重点、有针对性地进行深入的分析和研讨，重实用，讲实效。

四、下达审计通知书

审计通知书，也称审计指令，是审计机关通知被审计单位接受审计的书面文件，是审计组执行审计任务、进行审计取证的依据。审计通知书的主要内容包括：被审计单位名称，审计依据、审计范围、审计迄止日期，审计组组长及成员名单，对被审计单位配合审计工作提出的要求、审计机关公章及签发日期等。审计机关认为需要被审计单位自查的，应当在审计通知书中写明自查的内容、要求和期限。

五、编制审计项目实施方案

审计项目实施方案是审计组实施审计项目的具体安排和内容，是保证审计工作取得预期效果的重要手段，也是审计机关检查、控制审计质量和审计工作进度的基本依据。审计组应根据审计项目计划的要求，结合对被审计单位基本情况所做的调查，并围绕审计目标来编制审计实施方案。

审计项目实施方案的内容包括：编制的依据，被审计单位的名称及基本情况，审计目标，审计范围，审计内容、重点和审计措施（审计应对措施），审计工作要求（审计进度安排、职责分工、审计组内部重要管理事项），预计的审计工作起讫日期，审计组组长、成员及其分工，编制的日期等。

编制审计项目实施方案应当根据重要性原则，围绕审计目标，确定审计的范围和重点，审计实施方案编制时还应适当留有余地，以便实际情况发生变化时做出相应的调整。审计实施方案经审计组所在部门领导审核，并报审计机关主管领导批准后，由审计组负责实施。

第三节 审计项目的实施阶段

审计项目的实施阶段是审计组进驻被审计单位，就地审查会计凭证、会计账簿、财务会计报告，查阅与被审计事项有关的文件、资料，检查现金、实物、有价证券，并向有关单位和个人调查，以取得证明材料的过程。这一阶段是审计实施方案付诸实施的过程，也是审计目标实现的过程。

一、进驻被审计单位

下达审计通知书后，审计组随即可以进驻被审计单位。在向有关单位人员进行调查取证时，审计人员出示工作证件和审计通知书副本。为了保证审计工作中沟通有效以及审计工作的顺利进行，也为了取得被审计单位领导及其工作人员的配合，应当召开由被审计单位负责人、财会人员、相关负责人和审计人员参加的进点会议。在进点会议上需要做好以下事情：审计组要明确审计的目的、范围、内容，审计的时间安排、人员分工，审计的工作纪律，彼此沟通的联系人员和方式等；被审单位要介绍有关情况，包括基本组织结构、规章制度、财务会计工作情况，审计通知书所要求的资料、自查材料的准备情况，拟出面配合审计工作的人员情况以及审计工作条件的初步安排等；被审单位与审计组要交接有关资料，包括被审单位的会计凭证、会计账簿、会计报表、有关文件及自查资料等，需特别强调的是必须办理交接手续。

二、了解被审计单位的基本情况

（一）了解被审计单位基本情况的必要性

审计组实施审计时，应当调查了解被审计单位及其相关情况、被审计单位相关内部控制及其执行情况、被审计单位信息系统控制情况等，为审计人员做出下列职业判断提供重要基础：确定职业判断标准，判断可能存在的问题，判断问题的重要性，确定审计应对措施。

通过了解被审计单位的基本情况，确定可供选择的判断标准，考虑作为被审计事项的职业判断标准的适当性。一般的可供选择的判断标准包括：法律、法规、规章和其他规范性文件，国家有关方针和政策，会计准则和会计制度，国家和行业的技术标准，预算、计划和合同，被审计单位的管理制度和绩效目标，被审计单位的历史数据和历史业绩，公认的业务惯例或者良好实务，专业机构或者专家的意见，其他标准。审计人员针对不同的审计事项需要选择适当的审计标准，适当的审计标准应该做到客观、适用、相关和公认。客观性是指作为衡量被审计事项的标准应该真实可靠；适用性是指判断标准适用于被审计事项；相关性是指判断标准与审计结论是相关的；公认性是指判断标准为有关各方所认可。

审计人员应当结合适用的标准，分析调查了解的被审计单位及其相关情况，判断被审计单位可能存在的问题。

审计人员应当运用职业判断，根据可能存在问题的性质、数额及其发生的具体环境，判断其重要性。如果存在下列情形，则属于应当关注的重要问题：涉嫌犯罪的问题，法律法规和政策禁止的问题，故意行为所产生的问题，可能存在的问题涉及的数量或者金额较大，涉及政策、体制或者机制的严重缺陷，信息系统设计存在缺陷，政府行政首长和相关领导机关及公众关注的重要问题，其他特别关注的问题。如果需要对财务报表发表审计意见的，审计人员可以参照《中国注册会计师执业准则》的有关规定确定和运用重要性。

审计组应当评估被审计单位存在重要问题的可能性，以确定审计事项和审计应对措施，必要时调整审计实施方案。

（二）了解被审计单位基本情况的具体内容

审计人员可以从下列方面调查了解被审计单位及其相关情况：单位性质、组织结构，职责范围或者经营范围、业务活动及其目标；相关法律法规、政策及其执行情况，财政财务管理体制和业务管理体制；适用的业绩指标体系以及业绩评价情况；相关内部控制及其执行情况；相关信息系统及其电子数据情况；经济环境、行业状况及其他外部因素，以往接受审计和监管及其整改情况；其他情况。

审计人员可以从下列方面调查了解被审计单位相关内部控制及其执行情况：控制环境，即管理模式、组织结构、责权配置、人力资源制度等；风险评估，即被审计单位确定、分析与实现内部控制目标相关的风险以及采取的应对措施；控制活动，即根据风险评估结果采取的控制措施，包括不相容职务分离控制、授权审批控制、资产保护控制、预算控制、业绩分析和绩效考评控制等；信息与沟通，即收集、处理、传递与内部控制相关的信息，并能有效沟通的情况；对控制的监督，即对各项内部控制设计、职责及其履行情况的监督检查。

审计人员可以从下列方面调查了解被审计单位信息系统控制情况：一般控制，即保障信息系统正常运行的稳定性、有效性、安全性等方面的控制；应用控制，即保障信息系统产生的数据的真实性、完整性、可靠性等方面的控制。

（三）了解被审计单位基本情况的程序

审计人员可以采取下列方法调查了解被审计单位及其相关情况：第一，询问，书面或者口头询问被审计单位内部和外部相关人员；第二，检查有关文件、报告、内部管理手册、信息系统的技术文档和操作手册；第三，观察有关业务活动及其场所、设施和有关内部控制的执行情况；第四，追踪有关业务的处理过程；第五，分析相关数据。审计人员根据审计目标和被审计单位的实际情况，运用职业判断确定调查了解的范围和程度。审计人员对被审计单位基本情况的了解应贯穿审计工作的始终。

审计人员对于了解到的被审计单位的基本情况应该形成审计工作记录，以此作为支持原来审计实施方案或修改审计实施方案的依据。调查了解记录的内容主要包括：对被审计单位及其相关情况的了解情况，对被审计单位存在重要问题可能性的评估情况；确定的审计事项及其审计应对措施。审计人员应针对调查了解的事项逐项形成审计记录，主要包括被审计单位基本情况、被审计单位内部控制、信息系统控制情况三个方面的记录。

审计组组长应该复核了解阶段的记录，以检查对被审计单位情况的了解是否充分，可能存在问题的重要领域的判断是否正确，选用的审计标准是否恰当，准备采取的应对措施是否能够实现预定的审计目标等，最终目的是检查审计实施方案的可行性，确保审计目标的实现。

三、测试内部控制和评价相关信息系统

审计组应当根据对被审计单位内部控制了解的情况，评估内部控制的可信赖程度、决定是否需要测试内部控制的有效性。在下列情况下，必须测试内部控制的有效性：某项内部控制设计合理且预期运行有效，能够防止重要问题的发生；仅实施实质性审查不足以为发现重要问题提供适当、充分的审计证据。在下列情况下，可以直接进行实质性测试：审计人员决定不依赖某项内部控制的，可以对审计事项直接进行实质性审查；被审计单位规模较小、业务比较简单的，审计人员可以对审计事项直接进行实质性审查。测试控制运行的有效性，主要是测试内部控制在各个不同时点按照既定设计得以一贯执行，测试的程序与了解内部控制的程序基本相同。

如果被审计单位对日常交易或与财务报表相关的其他数据（包括信息的生成、记录、处理、报告）采用高度自动化处理，会计信息是以电子形式存在，此时审计证据是否充分和适当通常取决于自动化信息系统相关控制的有效性和安全性。此时，审计组还应考虑是否检查相关信息系统的有效性和安全性，下列情况下必须检查相关信息系统的有效性、安全性：仅审计电子数据不足以为发现重要问题提供适当、充分的审计证据；电子数据中频繁出现某类差异。审计人员在检查被审计单位相关信息系统时，可以利用被审计单位信息系统的现有功能或者采用其他计算机技术和工具，

检查中应当避免对被审计单位相关信息系统及其电子数据造成不良影响。

测试内部控制和评价相关信息系统的直接目的是检查内部控制是否有效运行，相关信息系统是否安全、有效。最终目的是判断审计实施方案是否科学，是否需要调整。如果发现原审计方案所确定的审计重点、范围、具体实施步骤和方法与测试和评价的结果不吻合，则必须按照规定的程序及时修订审计方案，对实质性测试的范围和重点做出切合实际的调整。修订后的审计方案需经派出政府审计组的审计机关主管领导批准后方可组织实施。

四、对被审计项目进行实质性测试

审计组在完成了对被审计单位内部控制的测试和相关信息系统评价后，即可开始对被审计单位的经济业务进行有重点、有目的的实质性测试。实质性测试是审计人员对各类交易、账户余额列报的真实性进行的测试。实质性测试是项目审计工作的中心环节，它既是审计人员收集、鉴定和综合审计证据的过程，也是审计机关出具审计意见书和做出审计决定的基础。这一阶段的工作主要是正确运用各种审计方法，取得充分适当的审计证据和编制审计工作底稿等。

（一）审计证据的概念及特征

审计证据是指审计人员获取的能够为审计结论提供合理基础的全部事实，包括审计人员调查了解被审计单位及其相关情况和对确定的审计事项进行审查所获取的证据。审计人员获取的审计证据必须具备适当性和充分性两大特征，才能够支撑审计结论。

适当性是指审计证据的质量，审计证据的适当性又包括相关性和可靠性。

证据的相关性是指审计证据与审计事项及其具体审计目标之间具有实质性联系。证据的相关性包括三层含义：一是审计证据与该审计事项相关，如证实应收账款的存在，需要将审计证据限制在应收账款的范畴，将不属于应收账款的证据，如预收账款、其他应收款排除在外。二是审计证据与某审计事项的具体审计目标相关，如应收账款函证获取的审计证据，只能证明函证应收账款的金额，不能证明未函证应收账款金额的正确性。三是证实同一目标的全部证据能够相互印证，如测试内部控制运行的有效性获取的审计证据，需获取内部控制是否存在、内部控制是否一贯遵守、内部控制是否有效等证据，以形成相互印证的证据群。审计人员在确定审计证据的相关性时，应注意以下两个方面的问题：①一种取证方法获取的审计证据可能只与某些具体审计目标相关，而与其他具体审计目标无关。如对存货的盘点，只能证实存货是否存在的命题，不能证明存货的价值。②针对一项具体审计目标可以从不同来源获取审计证据或者获取不同形式的审计证据。如证实应收账款存在，可以函证，也可以检查有关账目。

审计证据的可靠性是指审计证据真实、可信。审计证据的可靠性通常受其来源和性质的影响，并取决于获取审计证据的具体环境，审计人员可以从下列方面分析审计证据的可靠性：从被审计单位外部获取的审计证据比从内部获取的审计证据更可靠；内部控制健全有效情况下形成的审计证据比内部控制缺失或者无效情况下形成的审计证据更可靠；直接获取的审计证据比间接获取的审计证据更可靠；从被审计单位财务会计资料中直接采集的审计证据比经被审计单位加工处理后提交的审计证据更可靠；原件形式的审计证据比复印件形式的审计证据更可靠。需要说明的是，当不同来源和不同形式的审计证据存在不一致或者不能相互印证时，审计人员应当追加必要的审计措施，确定审计证据的可靠性。

充分性是指证据数量不足以证实审计事项，做出审计结论和建议。审计证据的充分性又称足够性。它是内部审计人员形成审计结论所需审计证据的最低数量要求。

证据数量的多少，在很大程度上取决于两个因素，一是证据是否能反应本质，证据越能反映本质，其需要的正面证据数量就越少；二是对立证据（或者反证证据）数量越少，需要的正面证据数量就越少。证据的足够性一般用不可置疑性来衡量。令人满意的程度是证据能消除人们头脑中合理的情疑。审计证据的数量并非是越多越好，为了有效率、有效益地审计，证据只要能证明事项真相和能说明审计意见正确即可。每一审计项目对审计证据的需要量，应根据具体情况而定，同时还必须考虑取证的难易程度。

（二）获取审计证据的方法

《国家审计准则》第八十八条规定：审计人员根据实际情况，可以在审计事项中选取全部项目或者部分特定项目进行审查，也可以进行审计抽样，以获取审计证据。第一，存在下列情形之一的，审计人员可以对审计事项中的全部项目进行审查：审计事项由少量大额项目构成的；审计事项可能存在重要问题，而选取其中部分项目进行审查无法提供适当、充分的审计证据的；对审计事项中的全部项目进行审查符合成本效益原则的。第二，审计人员可以在审计事项中选取下列特定项目进行审查：大额或者重要项目；数量或者金额符合设定标准的项目；其他特定项目。需要说明的是，选取部分特定项目进行审查的结果，不能用于推断整个审计事项。第三，在审计事项包含的项目数量较多，需要对审计事项某一方面的总体特征做出结论时，审计人员可以进行审计抽样。

审计人员可以采取下列方法向有关单位和个人获取审计证据：①检查，是指对纸质、电子或者其他介质形式存在的文件、资料进行审查，或者对有形资产进行审查；②观察，是指察看相关人员正在从事的活动或者执行的程序；③询问，是指以书面或者口头方式向有关人员了解关于审计事项的信息；④外部调查，是指向与审计事项有关的第三方进行调查；⑤重新计算，是指以手工方式或者使用信息技术对有关数据计算的正确性进行核对；⑥重新操作，是指对有关业务程序或者控制活动独立进行重新操作验证；⑦分析，是指研究财务数据之间、财务数据与非财务数据之间可能存在的合理关系，对相关信息做出评价，并关注异常波动和差异。审计人员进行专项审计调查，可以使用上述方法及其以外的其他方法。

（三）编制审计工作底稿

审计工作底稿在审计工作中居于非常重要的位置，具有非常重要的作用。因为审计工作是编写审计报告的基础，是检查审计工作质量的依据，同时也是行使审计复议和再度审计时需要审阅的重要资料。因此，审计人员应当对实施审计的过程、获取的审计证据、得出的审计结论和与审计项目有关的重要管理事项做出记录，真实、完整、及时地编制审计工作底稿，以实现下列目标：支持审计人员编制审计实施方案和审计报告，证明审计人员遵循相关法律法规和审计准则，便于对审计人员的工作实施指导、监督和检查。

审计工作底稿是指审计人员在实施审计过程中形成的与审计事项有关的工作记录。审计工作底稿的内容主要包括：审计项目名称、审计事项名称、审计过程和结论、审计人员的姓名及审计工作底稿的编制日期并签名、审核人员姓名及审计工作底稿的编制日期并签名、索引号及页码、附件数量。其中，审计工作底稿记录的审计过程和结论主要包括：实施审计的主要步骤和方法、取得的审计证据的名称和来源、审计认定的事实摘要、得出的审计结论及其相关标准。

审计取证单是支撑审计工作底稿的相关内容的证明材料，是审计过程中获取的说明审计过程和结论的有关资料。

第四节　审计项目的终结阶段

审计项目的终结阶段也称审计报告阶段，是项目审计流程的重要组成部分。该阶段的主要工作有复核审计工作底稿、编制审计报告并征求被审计单位意见、审计机关复核和审定审计报告。

一、复核审计工作底稿

一般地对于每一审计事项，审计人员都要编制审计工作底稿，有时一个被审计事项可能要编制多份审计工作底稿。因此，在编制审计报告前的审计工作底稿虽然经过编制人之外的其他审计人员的复核，但这一复核只是站在事项本身的角度，不是站在被审计单位的角度，不能直接作为编制审计报告的依据。在审计组起草审计报告前，审计组组长必须完成对审计工作底稿的审核。

审计组组长应当对支持审计报告的审计工作底稿的下列事项进行复核：具体审计目标是否实现；审计措施是否有效执行；事实是否清楚；审计证据是否适当、充分；得出的审计结论及其相关标准是否适当；其他有关重要事项。审计组组长复核支持审计实施方案和审计报告的审计工作底稿，可以根据情况提出如下意见：予以认可；责成采取进一步审计措施，获取适当、充分的审计证据；纠正或者责成纠正不恰当的职业判断或者审计结论。

二、编制审计报告并征求被审计单位的意见

审计工作底稿复核完成后，审计组应讨论编写审计报告提纲，然后依

据讨论确定的审计报告提纲草拟审计报告，审计报告草案需在审计组内进行讨论修改，最后由审计组组长进行审定。

（一）审计组征求被审计单位的意见

审计报告在送审计机关前，审计组应就下列问题征求被审计单位意见：审计组做出的审计评价是否客观；审计组对发现问题的认定是否符合事实、适用的法律法规是否正确；提出的审计意见或建议是否合理有效等。被审计单位应在收到审计报告之日起 10 日内，将其书面意见送交审计组或审计机关。如果被审计单位、被调查单位、被审计人员或者有关责任人员对征求意见的审计报告有异议的，审计组应当进一步核实，并根据核实情况对审计报告做出必要的修改。审计组应当对采纳被审计单位、被调查单位、被审计人员或者有关责任人员意见的情况和原因，或者上述单位或人员未在法定时间内提出书面意见的情况做出书面说明。

（二）审计报告的内容和格式

审计组向审计机关提交的审计报告包括下列基本要素：标题，文号（审计组的审计报告不含此项），被审计单位名称，审计项目名称，内容，审计机关名称（审计组名称及审计组组长签名），签发日期（审计组向审计机关提交报告的日期）。审计报告的内容是政府审计报告的主体部分，具体包括：①审计依据，即实施审计所依据的法律法规的具体规定。②实施审计的基本情况，一般包括审计范围、内容、方式、实施的起止时间。③被审计单位基本情况，说明与审计目标有关的被审计单位背景信息，一般包括被审计单位、资金或者项目的背景信息，如被审计单位性质、组织结构；职责范围或经营范围、业务活动及其目标；相关财政财务管理体制和业务管理体制；相关内部控制及信息系统情况；相关财政财务收支情况；适用的绩效评价标准等。④审计评价意见，该部分主要说明围绕项目审计目标，依照有关法律法规、政策及其他标准，对被审计单位的财政收支、财务收支及其有关经济活动的真实性、合法性、效益性进行评价。⑤以往审计决定执行情况和审计建议采纳情况。⑥审计发现的被审计单位违反国家规定的财政收支、财务收支行为和其他重要问题的事实、定性、处理处罚意见以及依据的法律法规和标准；反映影响绩效的突出问题的，一般应表述事实、标准、原因、后果，以及改进意见；反映内部控制和信息系统重大缺陷的，一般应表述有关缺陷情况、后果及改进意见。⑦审计发现的移送处理事项的事实和移送处理意见，但是涉嫌犯罪等不宜让被审计单位知悉的事项除外。⑧针对审计发现的问题，根据需要提出的改进建议，审计期间被审计单位对审计发现的问题已经整改的，审计报告还应当包括有关整改情况。

（三）审计组起草审计决定书和审计移送处理书

对审计中发现被审计单位违反国家规定的财政收支、财务收支行为，依法应当处理处罚的，审计组应该起草审计决定书。审计决定书是审计机关做出的对被审计单位违反国家规定的财政财务收支行为依法进行处罚的法律文件。审计决定书的内容主要包括：审计的依据、内容和时间；违反国家规定的财政收支、财务收支行为的事实、定性、处理处罚决定以及法律法规依据；处理处罚决定执行的期限和被审计单位书面报告审计决定执行结果等要求；依法提请政府裁决或者申请行政复议、提起行政诉讼的途径和期限。

审计或者专项审计调查发现的依法需要移送其他有关主管机关或者单位纠正、处理处罚或者追究有关人员责任的事项，审计组应当起草审计移送处理书。审计移送处理书是审计机关做出的对违反财政财务收支行为的有关人员需要移送其他有关主管机关或者单位进行处罚的法律文件。审计移送处理书的内容主要包括：审计的时间和内容；依法需要移送有关主管机关或者单位纠正、处理处罚或者追究有关人员责任事项的事实、定性及其依据和审计机关的意见；移送的依据和移送处理说明，包括将处理结果书面告知审计机关的说明；所附的审计证据材料。根据责任人违法违纪行为的性质，决定需要移送的部门，需要移送的部门可能是检察公安机关、纪检监察机关、主管部门或者政府。

三、审计机关复核和审定审计报告

审计组提交的审计报告草案、审计决定书草案和审计移送处理书，需要经过审计机关业务部门、审理机构和审计机关业务会议或负责人的三级复核或审定，最后提出审计机关的审计报告、审计决定书和审计移送处理书。

（一）审计机关业务部门的复核

审计机关业务部门复核审计组报送的下列资料：审计报告；审计决定书；被审计单位、被调查单位、被审计人员或者有关责任人员对审计报告的书面意见及审计组采纳情况的书面说明；审计实施方案；调查了解记录、审计工作底稿、重要管理事项记录、审计证据材料；其他有关材料。重点复核下列内容：审计目标是否实现，审计实施方案确定的审计事项是否完成，审计发现的重要问题是否在审计报告中反映，事实是否清楚、数据是否正确，审计证据是否适当、充分，审计评价、定性、处理处罚和移送处理意见是否恰当，使用的法律法规和标准是否适当，被审计单位、被调查单位、被审计人员或者有关责任人员提出的合理意见是否采纳，其他。审计机关业务部门复核后，应当出具书面复核意见。审计机关业务部门应当将复核修改后的审计报告、审计决定书等审计项目材料连同书面复核意见，报送审理机构审理。

（二）审计机关审理机构的审理

审理机构以审计实施方案为基础，重点关注审计实施的过程及结果。主要审理下列内容：审计实施方案确定的审计事项是否完成；审计发现的重要问题是否在审计报告中反映；主要事实是否清楚、相关证据是否适当、充分；使用的法律法规和标准是否适当；评价、定性、处理处罚意见是否恰当；审计程序是否符合规定。审理机构根据审理结果，出具审理意见书，审计意见书根据不同的审理结果出具不同的意见：要求审计组补充重要审计证据，对审计报告、审计决定书进行修改。

（三）审计机关业务会议或负责人的审定

审理机构将审理后的审计报告、审计决定书连同审理意见书报送审计机关业务会议或负责人。审计报告、审计决定书原则上应当由审计机关审计业务会议审定；特殊情况下，经审计机关主要负责人授权，可以由审计机关其他负责人审定。审计机关审计业务会议或审计机关负责人的审核为最终审定。如果审计决定书经最终审定，处罚的事实、理由、依据、决定与审计组征求意见的审计报告不一致并且加重处罚的，审计机关应当依照有关法律法规的规定及时告知被审计单位、被调查单位、被审计人员和有关责任人员，并听取其陈述和申辩。

第五节　审计整改检查阶段

审计整改期是指被审计单位收到审计机关审定后的审计报告和审计决定书之日到审计决定书规定的整改结束之日。在这一阶段被审计单位要根据审计决定书和审计移送处理书，完成相关事项的整改和移送处理。审计机关在审计整改期结束后，对被审计单位执行审计决定情况进行审计。审计整改检查，可以督促被审计单位认真执行审计处理决定，可以发现并纠正原审计处理决定存在的不当之处，因此，审计整改检查有利于维护审计机关的权威性和严肃性。

审计整改检查的主体可以是审计机关原审计组人员，也可以另行指派审计人员，但为了提高审计工作的效率，一般应由原审计组成员负责审计整改检查。审计整改检查的时间没有明确的规定，审计机关认为较为适当的时候就可以进行，但距离审计整改期结束后的时间间隔不宜过长；如果是定期审计，审计机关可以结合下一次审计，检查或者了解被审计单位的整改情况，检查或者了解被审计单位和其他有关单位的整改情况应当取得相关证明材料。

整改检查的内容主要包括：执行审计机关做出的处理处罚决定情况；对审计机关要求自行纠正事项采取措施的情况；根据审计机关的审计建议采取措施的情况；对审计机关移送处理事项采取措施的情况。审计整改检查的方式包括：实地检查或者了解；取得并审阅相关书面材料；其他方式等。

审计整改检查结束后，应撰写审计整改检查报告。审计整改检查报告的内容主要包括：检查工作开展情况，主要包括检查时间、范围、对象和方式等；被审计单位和其他有关单位的整改情况；没有整改或者没有完全整改事项的原因和建议。审计机关汇总审计整改情况，向本级政府报送关于审计工作报告中指出问题的整改情况的报告。

第七章 政府审计标准

第一节 政府审计准则

一、政府审计准则简介

（一）审计准则的含义

审计准则是审计工作应遵循的规范和尺度，是评价审计工作质量的权威性规则。不同国家、不同审计主体对审计准则的表达各不相同，总体而言，审计准则是组织审计工作、衡量审计工作质量的权威性标准，同时也是规制审计人员的行为规范。因此，审计准则包括两大基本内容：对审计人员素质的要求和对审计工作质量的要求。就结构而言，审计准则通常由三段结构组成，包括一般准则、现场工作准则（作业准则）和报告准则。

（二）审计准则的作用

审计准则作为对审计人员和审计活动的基本规范要求，是充分有效地发挥审计作用的必要条件和重要保证。

具体而言，审计准则是衡量审计质量的客观标准，有助于推动审计工作质量的提高；审计准则为规范和指导审计工作提供依据，有助于实现审计工作的规范化；审计准则能够将审计工作程序化，同时能够作为审计组织与社会进行沟通的中介，有助于提高社会公众对审计工作结果的信任程度；审计准则可以维护审计组织和审计人员的正当权益，使得他们免受不公正的职责和控告；此外，审计准则还能推动审计理论的研究和审计人才的培养，巩固审计的职业地位，从而有利于维护和实现民众的整体利益。

（三）政府审计准则概述

审计准则在政府审计领域始终备受关注。政府审计准则是指由国家审计机关颁布的、对审计机关及其审计人员具有约束力、规范审计业务工作的行为规范。政府审计准则是审计准则体系的一个重要组成部分，与独立审计准则和内部审计准则一起构成了审计准则体系。

世界上第一个政府审计准则是美国审计总署（Government Accountability Office，GAO）于 1972 年颁布的《政府机构、计划项目、活动和职能的审计准则》，即"黄皮书"，它提出了对政府支出和投资活动进行审计的质量要求。之后，许多国家都制定了自己的政府审计准则。这些准则虽然以注册会计师审计为范本，但都突出了两者在地位、工作范围、工作性质等方面的差异，以适应政府审计的特定要求。

政府审计准则的制定结构一般有如下几种：最具有代表性的是以美国为代表的一些国家，根据本国的实际、政府审计的性质和特殊性，制定了独立的政府审计制度；第二种是以加拿大为代表的国家，直接依照注册会计师审计准则制定了政府审计准则；第三种是一些国家虽未制定独立的审计准则，但在有关政府审计的法规中做了相应的规定；第四种是有些国家至今尚未制定政府审计准则，甚至有的国家对此持否定态度。

二、国外政府审计准则简介

（一）美国政府审计准则

美国审计总署从 20 世纪 60 年代中期开始进行政府审计准则的研究，到 1972 年依据国会 1921 年《预算和会计法案》的授权，颁布了世界上第一部国家审计准则——《国家机构、计划项目、活动和职能的审计准则》。该准则参照美国民间公认审计准则，采用三段式文件框架，包括一般准则、现场作业准则和报告准则，形成政府审计准则文本，在全球范围迈出了规范国家政府审计行为的第一步。美国政府审计准则经多次修订，形成了以审计业务分类为主线的组织框架，其中技术指导部分的叙述占全部 7 个章节中的 4 个章节，其内容横跨财务收支审计、鉴证审计和绩效审计三个业务类别，为审计实践提供了法律依据。

　　2011 年末，美国发布了经过第六次修改之后的《政府审计准则》（GAGAS），上次修订的时间为 2007 年 7 月，当时距次贷危机爆发仅 3 个月。面对金融危机，美国《政府审计准则》第五修订版显然暴露出若干监管缺陷。例如，政府审计监控未能实现对市场运行的动态监控，没有及时对金融创新等资本市场面临的风险做出预警或调整等有效反应。再比如，政府审计监控未能实现对其他市场监控资源的整合利用，没有及时对高度综合的市场风险做出分类区别或针对规避等。这些情况表明，在高度不确定的全球市场经济环境下，政府审计现有监管体系正在暴露出若干明显缺陷，其发现和应对市场风险的体系或方法亟须做出调整。

　　这次修订与第五修订版相比，突出了以下三方面的变化：第一，提出了独立性概念框架。新版《政府审计准则》提出的独立性概念框架，可以帮助审计师确定、评估、应用防范措施，从而最终解决独立性威胁。新版准则提出了独立性威胁的定义和类型，列举了应对独立性威胁的防范措施，并且明确了概念框架如何运用。第二，对审计师为被审计单位提供非审计服务提出了新的要求。新版准则放弃了 2007 版准则非审计服务作为影响组织独立性的情况的分类方式，而是规定了提供非审计服务在独立性方面的一般性要求和对一些具体非审计服务的考虑因素。审计师应将非审计服务对独立性的影响，在独立性概念框架的基础上进行评估和解决。第三，对鉴证项目进行了分类讨论。与 2007 版准则相比，新版《政府审计准则》将鉴证项目分为检查项目、复核项目和商定程序项目并分别进行讨论，并针对每一个鉴证项目类别，分别讨论了政府审计准则对现场审计、报告和特殊考虑方面的要求。

　　从此次修订的章节变化来看，美国《政府审计准则》理顺了主要章节的相互关系，即把关于财务收支审计的现场实施和报告的要求由原先的两个章节合二为一，一并归入第四章。修订版调整了主要章节的相关内容，即在第一章中包含了政府审计准则的基础和道德原则，并在第二章中表述了政府审计准则的使用原则等相关内容，包括政府审计种类、准则与其他职业准则的关系、在审计报告中引用审计准则的要求等。从此次修订的主要内容来看，美国《政府审计准则》在所有章节中都体现了不同的修改，共计 19 方面 26 处，涉及政府审计的基本原则和道德标准，还涉及财务收支审计以及鉴证审计和绩效审计等类别的审计实施要求和审计报告要求。主要变化如下：

在第一章"政府审计基础和职业道德原则"中对不同审计组织的报告责任进行了重新表述：①外部审计组织负责独立对第三方出具报告。②内部审计机构仅对组织高管和治理层负责，一般不对第三方出具报告。③若政府审计机构同时向第三方和组织高层管理部门报告，则应视同为外部审计组织。

在第二章"GAGAS 的使用标准"中删除了"当 GAGAS 与其他职业准则规定不一致时，GAGAS 的效力优于其他准则"的条款；强调了审计人员运用 GAGAS 执行业务时，应重视审计职业判断所起的作用；对 GAGAS 与其他职业准则的互动关系进行了重新表述，细化了在执行财务收支审计和鉴证审计业务时，对 AICPA、PCAOB、IAASB、ISB 等国际组织及美国国内组织准则的运用原则。

在第三章"基本准则"中增加了政府审计独立性的概念性框架，包括：①列举威胁审计独立性的类型，并提出审计人员自我评估方式和威胁防范手段。②政府审计相对于被审计政府机构内设审计部门的独立性要求。③对执行非审计业务的独立性要求。④对支持审计独立性判断的审计记录的指导性要求。进一步清晰表述了对审计人员继续职业教育（CPE）的要求，包括：①审计组外部专家在依据 GAGAS 执行审计时，应保持职业胜任，但并不要求其遵守 CPE 规定。②审计组内部专家在执行审计任务时，应遵守 GAGAS，并符合 CPE 要求。③内部审计专家应每年至少接受其专业领域的 24 小时 CPE 培训。

在第四章"财务收支审计准则"中删除了下列内容：①与 AICPA 准则的重合内容，包括对重述事项的报告要求、对重大事项的沟通要求，对舞弊和违法行为的考虑。②关于对中止审计工作的原因记录和对中止审计时点工作结果的记录要求。③对政府审计机构必须制定关于"外方索取审计资料"政策的强制性要求。同时，强调了在政府审计框架下，对 AICPA 财务收支审计准则的借鉴，包括：①审计重要性水平的确定，对于运用政府资金项目的审计重要性水平必须低于运用 AICPA 准则测算的结果。②对审计发现错弊的沟通要求，一旦发现错弊，必须尽早沟通，并根据重要性判断，归入审计报告。重新表述了对财务收支审计的合理性保证，从而保证与 AICPA 准则修订的一致性。

在第五章"鉴证审计准则"中删除了以下条款：① AICPA 关于鉴证业务的一般准则、现场实施准则和报告准则，以及对内部控制缺陷的定义。

②在做出检查性质的鉴证审计计划时，对被审计机构内部控制情况的记录要求。③关于审计方案记录的若干要求。④对政府审计机构必须制定关于"外方索取审计资料"政策的强制性要求。同时，增加了尽早与被审计机构沟通在鉴证审计中发现的错弊，并根据重要性判断，归入审计报告等条款。对以下条款做了重新表述：①对内部控制方面的错弊报告要求，审计人员应将已沟通且属重大的管理缺陷，在审计报告中反映。②对审核性质和双方商定程序性质的鉴证业务进行了分别叙述，审计双方首先都应建立对审计业务的正确理解，审计人员应根据 AICPA 标准做出审计报告。

在第六章"绩效审计现场实施准则"中删除了对政府审计机构必须制定关于"外方索取审计资料"政策的强制性要求，并对以下事项进行了重新表述：①关于对审计证据质量的有效性方面认定，当审计证据对支持审计结论而言有意义且合理时，则可认定其符合有效性要求。②关于电子信息证据的充分性和恰当性证据要求。

在第七章"绩效审计的报告准则"中对以下事项进行了重新表述：对舞弊报告的要求仅限于对被审计单位具有重大影响的事项；对其他舞弊事项，则需书面向治理层说明。

（二）最高审计机关国际组织审计准则

最高审计机关国际组织创立于 1953 年，是由世界各国最高一级政府审计机关所组成的国际性组织。该组织秉承"互相交流情况，交流经验，推动和促进各国审计机关更好地完成本国的审计工作"的宗旨，为指导各成员国审计准则的制定，制定了最高审计机关国际准则（ISSAI）。最初设定的最高审计机关国际准则框架由四个层次构成：第一个层次是《利马宣言》，是对公共部门审计的综合认识的基础；第二个层次是道德守则，是指导审计人员日常工作的价值和原则的说明；第三个层次是审计准则，是进行审计工作的前提和原则，审计准则又包括四部分内容：基本准则（ISSAI100）、一般准则（ISSAI200）、外勤准则（ISSAI300）、报告准则（ISSAI400）；第四个层次是指南资料，帮助最高审计机关在各项工作中运用审计准则。

2012 年，INTOSAI—系列新准则的发布，使最高审计机关国际准则框架发生了一定的变化。在《利马宣言》的基础上，INTOSAI 发布了新的《最高审计机关国际准则第 2 号——最高审计机关的价值与成效：为公民生活带来不同》，共同作为最高审计的 ISSAI100、ISSAI200、ISSAI300 和

ISSAI400，分别为《政府审计基本准则》《财务审计基本准则》《经营审计基本准则》和《合规审计基本准则》，将旧的审计准则内容结构全盘推翻，进行了大刀阔斧的改变。再加上 INTOSAI 分别于 2007 年、2010 年发布的属于第二层次的一系列准则（包括 I、SAI10，11，20，21，40 等），增加了对审计的独立性、透明度、问责制及质量控制方面的要求，形成了现行的最高审计机关国际准则框架（见图 7-1）。

第一层	基础性原则（ISSAI 1-9）
第二层	最高审计机关行使职能的前提条件（ISSAI 10-99）
第三层	审计基本准则（ISSAI 100-999）
第四层	一般审计指南（ISSAI 1000-4999） ·财务审计 ·经营审计 ·合规审计 特殊事项指南（ISSAI 5000-5999）

图7-1 最高审计机关国际准则框架

在最高审计机关国际准则整体框架发生变化的背景下，2012 年，INTOSAI 在时隔 11 年之后发布的最新的《最高审计机关国际准则第 100 号——政府审计基本准则》（以下简称 ISSAI100）也相应做出了重大的改变，变化主要体现在准则名称、准则框架和准则内容三个方面。

1. 准则名称的变化

与 2001 年发布版本相比，ISSAI100 最明显的不同就是准则名称发生了变化，即由"政府审计基本准则"变更为"公共部门审计准则"。准则中的内容也做了相应的改变。

2. 准则框架的变化

2001 年发布的版本以十条基本原则为线索编制，层次较为复杂。ISSAI100 将准则分为六个部分，通过分模块逐条编写的形式达到了便于参考理解的效果，也为政府审计基本准则建立了一个更为完整、合理的框架。

首先，在引言部分简述了准则的基本内容，然后说明 ISSAI 的各个层次及其作用和相互之间的关系，并强调准则作为基础准则的地位。继而，对政府审计的相关概念及政府审计要素进行了系统、明确的解释，构建了政府审计的概念框架。在此基础上，对审计过程中应遵守的准则进行了说明，并根据这些准则的特性将应遵守的原则分为两个部分：一般准则和审计程序相关准则。修订后的准则在整体框架方面与注册会计师国际审计准则相比表现出了很强的趋同性。

3. 准则内容的变化

ISSAI100 在其内容上也存在诸多重大调整，如政府审计的业务类型、目的等。同时，为了反映国家治理背景下政府审计的发展趋势，也相应增加了很多新的内容。

（1）强调了政府审计对公共部门管理的重要作用。ISSAI100 极为重要的一个变化是就政府审计对公共部门管理所起的作用做了明确的说明，而上一版本中对此没有提及。新准则在第 16 条中从以下四个方面详细说明了政府审计对公共部门管理所起的作用：

第一，完善问责制，提高透明度，促使公有财产使用状况的不断改善和公共管理绩效的持续提升。

第二，有利于监管机构对负责管理政府资助活动的单位行使监管和纠察的职责。

第三，为预期使用者提供有关政府机关及政府资助实体的基于充分适当的证据所提出的具有独立性、客观性和可靠性的信息。

第四，通过提供新的信息、综合性分析以及合理的改进建议，激励变革。

（2）明确了政府审计的目标。2001 年发布的版本并未明确提出政府审计的目标，而 ISSAI100 借鉴注册会计师审计准则，对政府审计目标做了系统的阐述：政府审计在政府及其他公共部门负责支配税收资源和其他用于公共事业的资源的环境下运行。这些部门应就其管理和绩效向包括公民在内的提供公共资源的群体及应用公共资源提供服务的群体负责。政府审计有助于为问责制创造条件，提高公众对政府机关公共部门及公务员有效、高效、公正、合法地履行职责的期望。这一阐述强调了政府审计对公民的价值，规定了政府审计的基本任务，是一切政府审计活动的宗旨。

（3）修改了政府审计的基本业务模式类型划分。2001 年发布的版本中将政府审计划分为两个类型：合规性审计和经营性审计。ISSAI100 将原本包含在合规性审计中的对财务记录的检查和评估及对财务报表发表意见等业务范围抽离出来，单独划分为一类，形成了新的分类方式：财务审计、经营审计、合规审计和综合 / 其他类型，其中最后一种模式是前三种模式的综合或者延伸。

（4）整合了原有的审计基本准则内容。修改后的审计基本准则内容结构发生改变，ISSAI100 将一般准则、外勤准则和报告准则的部门内容进行适当修改后进行整合，作为"审计过程中应遵守的准则"的内容。

（5）增加了政府审计相关概念的阐述。在 ISSAI100 中，不仅对 2001 年版本中原有的概念进行了集中系统的解释，还增加了诸多原准则中没有提及的概念，例如，审计执业者、责任方、预期使用者、鉴证对象、既定标准等。

（6）加强了基本准则与最高审计机关国际准则体系的关联。2001 年发布的版本除了对审计准则基本框架的理论基础及内容结构做了简单的介绍外，其他内容自成一体，没有明确地指出与最高审计机关国际准则体系的关联性。ISSAI100 则不仅对最高审计机关国际准则的目的、权力、层次等方面做了详细的说明，还在最后一部分阐述了其与最高审计机关国际准则的关联性。

三、政府审计准则的国际对照

（一）政府审计准则的国际比较

由于各国国情不同，政府审计的范围、职责权限、工作任务等皆不相同，因此不同国家的政府审计准则也不相同。以下从工作范围、审计人员资格条件的要求、审计工作具体要求、审计报告四个方面进行比较。

1. 工作范围的比较

现代政府审计的工作范围突破了财务审计领域，还包括针对政府各项活动的经济性（Economy）、效率性（Efficiency）和效果性（Effectiveness）（简称"3E"）的绩效审计内容。美国政府于 1994 年修订了《美国政府审计准则》，在其中明确说明其工作范围包括财务审计和绩效审计两部分；加拿大的《审计长法》也规定了在给众议院的年度报告中，除了报告财务审计所发现的问题外，还要说明"没有适当考虑经济和效率而已花费的款项"和"没有建立令人满意的程序来衡量和计划项目的效果,但这些程序是能够适当地、合理地应用的"。这些规定已经成为《审计长公署审计标准》的组成部分。可见,加拿大的政府审计的范围也已经扩大到了"3E"审计领域。

2. 审计人员资格条件要求的比较

对审计人员资格和条件的要求是政府审计一般准则的内容,一般包括审计人员的独立性、审计人员的业务技能及审计人员合理的职业谨慎。各国政府审计准则中虽然对此表达方式不同,但基本精神是相同的,都要求审计人员实施审计业务时保持公正态度,不受其他个人或组织的影响;都要求通过的审计人员保证审计质量;要求审计人员完成审计任务过程中应保持合理的职业谨慎。

对于独立性,有的国家在政府审计准则中直接强调独立,如美国、澳大利亚;有的国家不提"独立",却强调"客观",如加拿大;还有的国家同时强调"独立""客观",如厄瓜多尔、中国。

对于业务技能,美国的"黄皮书"中一般准则的第一条规定:"合格性:被指派进行审计工作的审计人员必须在整体上具备完成任务所需要的熟练业务能力",并详细提出了合格性的三方面要求:加拿大审计长公署采用的是民间审计准则的规定。

美国、加拿大、澳大利亚、新西兰等国的政府审计准则,都对合理的职业谨慎提出了详细要求,基本内容也比较一致。

3. 审计工作具体要求的比较

审计人员从事审计工作的具体要求是现场工作准则的内容,包括制订审计计划、对现场工作进行监督、评价内部控制、收集审计证据、归纳收集和整理审计文件资料等方面。

各国的政府审计准则一般都对审计计划做了详细、严格的规定,要求对审计工作进行适当或充分的计划。美国就在财务审计、绩效审计的现场工作准则中做了这样的规定,加拿大、澳大利亚也有类似规定。

为保证审计质量,各国的准则中都对监督审计工作做了严格规定。美国、澳大利亚、马来西亚、加拿大等都有此类规定。

由于"确定被审计方的经济活动是否与法律法规、规章制度相一致"是政府审计的一项主要业务,在各国的政府审计准则中,都强调审计工作与法律、制度的一致性。美国的财务审计报告准则中规定,关于报表的报告应该描述对内部控制、遵守法律规章情况测试的范围及测试结果。在绩效审计的现场工作准则中也规定审计师应该在合规性要求对审计目标关系重大时对审计工作进行规划，为合规性要求提供保证。澳大利亚政府也在准则中规定对违反法律、规章的行为要积极地予以揭露。

作为现代审计的一项重要内容，调查评价被审计人的内部控制在许多国家的审计准则中都有明确要求，而且指出，审计类型不同，对内部控制审查的范围和重点也不相同。如美国的准则中指出，对财务审计，应调查评价控制环境、保护控制、对遵循法律和规章实施的控制、控制风险评估；对绩效审计则要研究评估管理控制。

许多国家在政府审计准则中规定：审计人员做出判断和结论，必须以具有充分证明力的证据为基础。美国还在准则中规定了对证据的分类，并规定要把审计工作过程中具体、详尽的记录资料收集起来，以便查证参考。澳大利亚、加拿大、秘鲁等国都提出了大体相同的要求。

4. 审计报告的比较

由于国家审计机关报告通常要提交立法或行政部门审阅，在报告准则中要对提交方式、分发范围、批准过程等做出规范，这是报告准则中的内容。与民间审计相比，这部分内容要复杂得多。

各国对审计报告的要求不尽相同，但对报告编写都有相同的原则要求。主要包括遵守法律、制度的原则；客观公正原则；充分证据原则；保密性原则。美国、加拿大、澳大利亚、秘鲁、斐济等国的准则都有明确规定。

对审计报告的形式，许多国家的准则中都规定要用书面形式，如美国、瑞典都有这种规定；对报告的分发范围，由于各国国情的差异而有所不同，美国不仅规定要向委托机构送交报告，还规定了报告分发的范围，包括可能采取行动的其他官员和其他有权收到报告的人士，并应备有报告副本供公众检验，新西兰、加纳等国家则未做规定；大多数准则中对报告的时间也做了规定，如美国为一事一报，加拿大规定一年报告一次，澳大利亚规定在法定日期前报出等；准则中还对报告的文字表达提出了基本要求，主要有简要、完整、清晰等，加拿大、美国、新加坡等都有类似的规定。

至于报告的内容要求，由于国情、审计类型的差异，准则中的规定有很大区别，但以下内容是基本一致的：一是审计报告中必须说明审计范围；二是在审计报告中应表明审计是基本相同的：一方面是对合法性的评价；另一方面是对内部控制的评价，财务审计报告中一般不要求发表评价意见，而是通过"致管理部门函"形式提出，绩效审计报告则应包括评价意见。各国的政府审计准则一般都规定在审计报告中提出建设性意见，但比较灵活，如加拿大、澳大利亚规定"在必要时""在可行时"提出适当的审计建议。美国、澳大利亚的准则中还规定对经营管理成绩卓著的可以肯定和表扬。

（二）政府审计准则的国际协调

政府审计准则国际协调的目的在于"经验共享，全球共惠"，为各国政府审计准则的制定提供指导。协调主要通过最高审计机关国际组织进行，联合国对此也做了一定的努力。

最高审计机关国际组织对政府审计准则的协调，集中表现在第九届大会通过的《利马宣言》、第十二届大会发表的《关于绩效审计、公营企业审计和审计质量的总声明》、第十七届大会批准和颁布的新《最高审计机关国际组织审计准则》以及 2012 年发布的最新的《最高审计机关国际组织第 100 号——政府审计基本准则》等文件中。虽然最高审计机关国际组织的决议对各成员国没有约束力，但各成员一般都结合自己的实际情况积极组织实施自己赞成的决议。因此，上述经典性的文件对各国政府审计的发展以及政府审计准则的制定发挥了巨大的促进作用。

联合国除组织了一系列与政府审计准则的国际协调相关的专题研讨外，还在 1977 年出版了《发展中国家政府审计手册》，对政府审计准则进行了较为详细的论述。

总之，政府审计准则的国际协调已引起越来越多的国家和国际组织的关注，随着这些国家和国际组织的进一步关注和努力，政府审计准则的国际协调一定会取得令人满意的成果。

四、我国政府审计准则体系

我国政府审计准则体系是指由审计署制定颁布的、对审计机关及其审计人员具有约束力的、规范审计业务工作的行为规范。为了适应发展社会主义市场经济的需要，实现政府审计工作的规范化，明确审计责任，保证审计质量，我国最高国家审计机关——审计署自 1989 年起就开始制定我国政府审计准则的工作。1996 年首次发布了《中华人民共和国国家审计基本准则》和 7 个国家审计具体准则，2000 年又对已发布的审计准则进行了全面的修订和补充。为了规范和指导审计机关和审计人员咨询审计业务的行为，保证审计质量，防范审计风险，发挥审计保障国家经济和社会健康运行的"免疫系统"功能，审计署在广泛征求意见的基础上，于 2010 年 9 月 1 日发布了《国家审计准则》，这是我国政府审计规范化建设的重要举措。

（一）序言

政府审计准则序言旨在说明审计准则的制定依据、目标、体系、法律效力、适用范围、制定和发布程序、修订和解释权等问题。

1. 制定政府审计准则的依据和目标

我国政府审计准则是为了规范和指导审计机关人员执行审计业务的行为，保证审计质量，防范审计风险，发挥审计保障国家经济和社会健康运行的"免疫系统"功能，依据我国《审计法》及其实施条例，结合我国审计机关审计工作实践，借鉴国际公认审计准则经验而制定的。政府审计准则的目标是通过监督被审计单位财政收支、财务收支以及有关经济活动的真实性、合法性、效益性，维护国家经济安全，推进民主法治，促进廉政建设，保障国家经济和社会健康发展。

2. 政府审计准则的体系

我国的政府审计准则是审计法律规范体系的组成部分，它由中华人民共和国政府审计基本准则、通用审计准则和专业审计准则或审计指南三个层次组成。其中，政府审计基本准则是制定其他审计准则和审计指南的依据，是政府审计准则的总纲，是审计机关和审计人员依法办理审计事项时应当遵循的行为规范，是衡量审计质量的基本尺度。通用审计准则是依据政府审计基本准则制定的，是审计机关和审计人员在依法办理审计事项、提交审计报告、评价审计事项、出具审计意见书、做出审计决定时应当遵循的一般具体规范。专业审计准则是依据政府审计基本准则制定的，是审计机关和审计人员依法办理不同行业的审计事项时，在遵循通用审计准则的基础上，同时应当遵循的特定具体规范。审计指南是对审计机关和审计人员办理审计事项提出的审计操作规程和方法，为审计机关和审计人员从事专门审计工作提供可操作的指导性意见。

3. 政府审计准则的法律效力

政府审计基本准则、通用审计准则和专业审计准则是审计署依照《审计法》规定制定的部门规章，具有行政规章的法律效力，全国所有审计机关和审计人员依法开展审计工作时必须遵照执行。审计指南是指导审计机关和审计人员办理审计事项的操作规程和方法，不具有行政规章的法律效力，全国审计机关和审计人员应当参照执行。

4. 政府审计准则的适用范围

政府审计基本准则是审计署依照《审计法》规定制定的规范全国审计机关依法审计的部门规章，适用于各级审计机关和审计人员依法开展的审计工作。其他审计组织承办政府审计机关审计事项也应当遵守本准则。

5. 政府审计准则的制定、发布和修改

审计署成立审计准则体系构建工作领导小组。领导小组下设办公室，具体承担制定审计准则的日常组织管理等工作。审计署有关司局及有关特派员办事处、省（自治区、直辖市）审计厅（局）分别承担审计准则的草拟工作，向审计准则体系构建工作领导小组办公室提交审计准则草稿。审计准则体系构建工作领导小组办公室聘请审计机关的专家成立内部专家组，聘请审计机关以外的专家成立外部专家组，负责对审计准则的草稿进行讨论及修改。讨论、修改后的审计准则草稿经广泛征求全国审计机关及社会有关方面意见后，由审计准则体系构建工作领导小组办公室进一步修改、审核，报审计署审计长会议审定，由审计署批准发布施行。

（二）政府审计准则

政府审计准则是审计机关和审计人员履行法定审计职责的行为规范，是执行审计业务的职业标准，是评价审计质量的基本尺度。政府审准则依据《审计法》及其实施条例制定，是统率各项具体审计业务规范和审计管理规范制定的重要依据。修订后的《国家审计准则》分七章，包括总则、审计机关和审计人员、审计计划、审计实施、审计报告、审计质量控制和责任、附则，共计 200 条。

1. 总则

为了规范和指导审计机关和审计人员执行审计业务的行为，保证审计质量，防范审计风险，发挥审计保障国家经济和社会健康运行的"免疫系统"功能，根据《审计法》《审计法实施条例》和其他有关法律法规，制定政府审计准则。政府审计准则是审计机关和审计人员履行法定审计职责的行为规范，是执行审计业务的职业标准，是评价审计质量的基本尺度。

政府审计准则中使用"应当""不得"词汇的条款为约束性条款，是审计机关和审计人员执行审计业务必须遵守的职业要求。使用"可以"词汇的条款为指导性条款，是对良好审计实务的推介。审计机关和审计人员未遵守政府审计准则中的约束性条款的，应当说明原因。

政府审计准则不仅在审计机关和审计人员执行审计业务时适用，其他组织或者人员接受审计机关的委托、聘用，承办或者参加审计业务，也应当适用本准则。

审计机关和审计人员执行审计业务，应当区分被审计单位的责任和审计机关的责任。在财政收支、财务收支以及有关经济活动中，履行法定职责、遵守相关法律法规、建立并实施内部控制、按照有关会计准则和会计制度编报财务会计报告、保持财务会计资料的真实性和完整性，是被审计单位的责任。依据法律法规和本准则的规定，对被审计单位财政收支、财务收支以及有关经济活动独立实施审计并做出审计结论，是审计机关的责任。

审计机关的主要关注目标是通过监督被审计单位财政收支、财务收支以及有关经济活动的真实性、合法性、效益性，维护国家经济安全，推进民主法治，促进廉政建设，保障国家经济和社会健康发展。真实性是指反映财政收支、财务收支以及有关经济活动的信息与实际情况相符合的程度。合法性是指财政收支、财务收支以及有关经济活动遵守法律、法规或者规章的情况。效益性是指财政收支、财务收支以及有关经济活动实现的经济效益、社会效益和环境效益。

审计机关对依法属于审计机关审计监督对象的单位、项目、资金进行审计。审计机关依照国家有关规定，对依法属于审计机关审计监督对象的单位的主要负责人的经济责任进行审计。审计机关依法对预算管理或者国有资产管理使用等与国家财政收支有关的特定事项向有关地方、部门、单位进行专项审计调查。审计机关进行专项审计调查时，也应当适用政府审计准则。

审计机关和审计人员执行审计业务，应当依据年度审计项目计划，编制审计实施方案，获取审计证据，做出审计结论。审计机关应当委派具备相应资格和能力的审计人员承办审计业务，并建立和执行审计质量控制制度。

审计机关依据法律法规规定，公开履行职责的情况及其结果，接受社会公众的监督。

2. 审计机关和审计人员

审计机关执行审计业务，应当具备下列资格条件：符合法定的审计职责和权限；有职业胜任能力的审计人员；建立适当的审计质量控制制度；必需的经费和其他工作条件。

审计人员执行审计业务，应当具备下列职业要求：遵守法律法规和本准则；恪守审计职业道德；保持应有的审计独立性；具备必需的职业胜任能力；其他职业要求。

审计人员应当恪守严格依法、正直坦诚、客观公正、勤勉尽责、保守秘密的基本审计职业道德。

审计人员执行审计业务时，应当保持应有的审计独立性，遇到有可能损害审计独立性情形的，应当向审计机关报告。审计人员不得参加影响审计独立性的活动，不得参与被审计单位的管理活动。

审计机关应当具备与其从事审计业务相适应的专业知识、职业能力和工作经验。审计机关应当建立和实施审计人员录用、继续教育、培训、业绩评价考核和奖惩激励制度，确保审计人员具有与其从事业务相适应的职业胜任能力。

审计人员应当合理配备审计人员，组成审计组，确保其在整体上具备与审计项目相适应的职业胜任能力。被审计单位的信息技术对实现审计目标有重大影响的，审计组的整体胜任能力应当包括信息技术方面的胜任能力。

审计人员执行审计业务时，应当合理运用职业判断，保持职业谨慎，对被审计单位可能存在的重要问题保持警觉，并审慎评价所获取审计证据的适当性和充分性，得出恰当的审论。

3. 审计计划

审计机关应当根据法定的审计职责和审计管辖范围，编制年度审计项目计划。编制年度审计项目计划应当服务大局，围绕政府工作中心，突出审计工作重点，合理安排审计资源，防止不必要的重复审计。

审计机关按照下列步骤编制年度审计项目计划：调查审计需求，初步选择审计项目；对初选审计项目进行可行性研究，确定备选审计项目及其优先顺序；评估审计机关可用审计资源，确定审计项目，编制年度审计项目计划。

下列审计项目应当作为必选审计项目：法律法规规定每年应当审计的

项目；本级政府行政首长和相关领导机关要求审计的项目；上级审计机关安排或者授权的审计项目。

上级审计机关直接审计下级审计机关审计管辖范围内的重大审计事项，应当列入上级审计机关年度审计项目计划，并及时通知下级审计机关。上级审计机关可以依法将其审计管辖范围内的审计事项，授权下级审计机关进行审计。对于上级审计机关审计管辖范围内的审计事项，下级机关也可以提出授权申请，报有管辖权的上级审计机关审批。获得授权的审计机关应当将授权的审计事项列入年度审计项目计划。

审计机关年度审计项目计划的内容主要包括：审计项目名称；审计目标，即实施审计项目预期要完成的任务和结果；审计范围，即审计项目涉及的具体单位、事项和所属期间；审计重点；审计项目组织和实施单位；审计资源。

审计机关业务部门编制审计工作方案，应当根据年度审计项目计划形成过程中调查审计需求、进行可行性研究的情况，开展进一步调查，对审计目标、范围、重点和项目组织实施等进行确定。审计工作方案的内容主要包括：审计目标；审计范围；审计内容和重点；审计工作组织安排；审计工作要求。

审计机关业务部门编制的审计工作方案应当按照审计机关规定的程序审批。在年度审计项目计划确定的实施审计起始时间之前，下达到审计项目实施单位。审计机关批准审计工作方案前，根据需要，可以组织专家进行论证。

4. 审计实施

审计机关应当在实施项目审计前组成审计组。审计组由审计组长和其他成员组成。审计组实行审计组组长负责制。审计组组长由审计机关确定，审计组组长可以根据需要在审计组成员中确定主审，主审应当履行其规定职责和审计组组长委托履行的其他职责。

审计机关应当依照法律法规的规定，向被审计单位送达审计通知书。审计通知书的内容主要包括被审计单位名称、审计依据、审计范围、审计起始时间、审计组组长及其他成员名单和被审计单位配合审计工作的要求。

审计组应当调查了解被审计单位及其相关情况，评估被审计单位存在重要问题的可能性，确定审计应对措施，编制审计实施方案。

对于审计机关已经下达审计工作方案的，审计组应当按照审计工作方案的要求编制审计实施方案。审计实施方案的内容主要包括：审计目标；审计范围；审计内容、重点及审计措施；审计工作要求。

审计人员应当结合适用的标准，分析调查了解被审计单位及其相关情况，判断被审计单位可能存在的问题。审计人员应当运用职业判断，根据可能存在问题的性质、数额及其发生的具体环境，判断其重要性。

审计组应当评估被审计单位存在重要问题的可能性，以确定审计事项和审计应对措施。审计人员应当依照法定权限和程序获取审计证据。审计人员获取的审计证据，应当具有适当性和充分性。审计人员根据实际情况，可以在审计事项中选取全部项目或者部分特定项目进行审查，也可以进行审计抽样，以获取审计证据。

审计人员对于重要问题，可以围绕下列方面获取审计证据：标准，即判断被审计单位是否存在问题的依据；事实，即客观存在和发生的情况，事实与标准之间的差异构成审计发现的问题；影响，即问题产生的后果；原因，即问题产生的条件。

审计人员应当真实、完整地记录实施审计的过程、得出的结论和与审计项目有关的重要管理事项，以实现下列目标：支持审计人员编制审计实施方案和审计报告；证明审计人员遵循相关法律法规和基本准则；便于对审计人员的工作实施指导、监督和检查。

审计人员做出的记录，应当使未参与该项业务的有经验的其他审计人员能够理解其执行的审计措施、获取的审计证据、做出的职业判断和得出的审计结论。审计记录包括调查了解记录、审计工作底稿和重要管理事项记录。

审计人员执行审计业务时，应当保持职业谨慎，充分关注可能存在的重大违法行为，审计人员检查重大违法行为时，应当评估被审计单位和相关人员实施重大违法行为的动机、性质、后果和违法构成。发现重大违法行为的线索时，审计组或者审计机关可以采取下列应对措施：增派具有相关经验和能力的人员；避免让有关单位和人员事先知晓检查的时间、事项、范围和方式；扩大检查范围，使其能够覆盖重大违法行为可能涉及的领域；获取必要的外部证据；依法采取保全措施；提请有关机关予以协助和配合；向政府和有关部门报告；其他必要的应对措施。

5. 审计报告

审计报告包括审计机关进行审计后出具的审计报告以及专项审计调查

后出具的专项审计调查报告。审计组实施审计或者专项审计调查后，应当向派出审计组的审计机关提交审计报告。审计机关审定审计组的审计报告后，应当出具审计机关的审计报告。遇有特殊情况，审计机关可以不向被调查单位出具专项审计调查报告。

审计报告应当内容完整、事实清楚、结论正确、用词恰当、格式规范。

审计机关的审计报告（审计组的审计报告）包括下列基本要素：标题；文号（审计组的审计报告不含此项）；被审计单位名称；审计项目名称；内容；审计机关名称（审计组名称及审计组组长签名）；签发日期（审计组向审计机关提交报告的日期）。经济责任审计报告还包括被审计人员姓名及所担任职务。

专项审计调查报告除符合审计报告的要素和内容要求外，还应当根据专项审计调查目标重点分析宏观性、普遍性、政策性或者体制、机制问题并提出改进建议。

审计组在起草审计报告前，应当讨论确定下列事项：评价审计目标的实现情况；审计实施方案确定的审计事项完成情况；评价审计证据的适当性和充分性；提出审计评价意见；评估审计发现问题的重要性；提出对审计发现问题的处理处罚意见；其他有关事项。

审计组应当根据审计发现问题的性质、数额及其发生的原因和审计报告的使用对象，评估审计发现问题的重要性，如实在审计报告中予以反映。

审计组应当将下列材料报送审计机关业务部门复核：审计报告；审计决定书；被审计单位、被调查单位、被审计人员或者有关责任人员对审计报告的书面意见及审计组采纳情况的书面说明；审计实施方案；调查了解记录、审计工作底稿、重要管理事项记录、审计证据材料；其他有关材料。

审计机关业务部门应当对下列事项进行复核，并提出书面复核意见：审计目标是否实现；审计实施方案确定的审计事项是否完成；审计发现的重要问题是否在审计报告中反映；事实是否清楚，数据是否正确；审计证据是否适当、充分；审计评价、定性、处理处罚和移送处理意见是否恰当，适用法律法规和标准是否适当；被审计单位、被调查单位、被审计人员或者有关责任人员提出的合理意见是否采纳；需要复核的其他事项。

审计机关业务部门应当将复核修改后的审计报告、审计决定书等审计项目的材料连同书面复核意见，报送审理机构审理。审理机构以审计实施方案为基础，重点关注审计实施的过程及结果，主要审理下列内容：审计实施方案确定的审计事项是否完成；审计发现的重要问题是否在审计报告中反映；主要事实是否清楚，相关证据是否适当、充分；适用法律法规和标准是否适当；评价、定性、处理处罚意见是否恰当；审计程序是否符合规定。

审计报告、审计决定书经审计机关负责人签发后，按照下列要求办理，审计报告送达被审计单位、被调查单位；经济责任审计报告送达被审计单位和被审计人员；审计决定书送达被审计单位、被调查单位、被处罚的有关责任人员。

审计机关在审计中发现的下列事项，可以采用专题报告、审计信息等方式向本级政府、上一级审计机关报告：涉嫌重大违法犯罪的问题；与国家财政收支、财务收支有关政策及其执行中存在的重大问题；关系国家经济安全的重大问题；关系国家信息安全的重大问题；影响人民群众经济利益的重大问题；其他重大事项。

专题报告应当主体突出、事实清楚、定性准确、建议适当。审计信息应当事实清楚、定性准确、内容精炼、格式规范、反映及时。

审计机关依法实行公告制度。审计机关的审计结果、审计调查结果依法向社会公布。审计机关公布的审计结果和审计调查结果主要包括下列信息：被审计（调查）单位基本情况；审计（调查）评价意见；审计（调查）发现的主要问题；处理处罚决定及审计（调查）建议；被审计（调查）单位的整改情况。

在公布审计结果和审计调查结果时，审计机关不得公布下列信息：涉及国家秘密、商业秘密的信息；正在调查，处理过程中的事项；依照法律法规的规定不予公开的其他信息。

6. 审计质量控制和责任

审计机关应当建立审计质量控制制度，以保证实现下列目标：遵守法律法规和基本准则；做出恰当的审计结论；依法进行处理处罚。

审计机关应当针对下列要素建立审计质量控制制度：审计质量责任；审计职业道德；审计人力资源；审计业务执行；审计质量监控。

审计机关实行审计组成员、审计组主审、审计组组长、审计机关业务部门、审理机构、总审计师和审计机关负责人对审计业务的分级质量控制。

审计组成员的工作职责包括：遵守基本准则，保持审计独立性；按照分工完成审计任务，获取审计证据；如实记录实施的审计工作并报告工作结果；

完成分配的其他工作。

审计组组长的工作职责包括：编制或者审定审计实施方案；组织实施审计工作；督导审计组成员的工作；审核审计工作底稿和审计证据；组织编制并审核审计组起草的审计报告、审计决定书、审计移送处理书、专题报告、审计信息；配置和管理审计组的资源；审计机关规定的其他职责。

审计机关业务部门的工作职责包括：提出审计组组长人选；确定聘请外部人员事宜；指导、监督审计组的审计工作；复核审计报告、审计决议书等审计项目材料；审计机关规定的其他职责。

审计机关审理机构的工作职责包括：审查修改审计报告、审计决议书；提出审理意见；审计机关规定的其他职责。

审计机关负责人的工作职责包括：审定审计项目目标、范围和审计资源的配置；指导和监督检查审计工作；审定审计文书和审计信息；审计管理中的其他重要事项。审计机关负责人对审计项目实施结果承担最终责任。

审计机关应当按照国家有关规定，建立健全审计项目档案管理制度，明确审计项目归档要求、保存期限、保存措施、档案利用审批程序等。

审计机关实行审计业务质量检查制度，对其业务部门、派出机构和下级审计机关的审计业务质量进行检查。审计机关应当对其业务部门、派出机构实行审计业务年度考核制度。考核审计质量控制目标的实现情况。审计机关应当对审计质量控制制度及其执行情况进行持续评估，及时发现审计质量控制制度及其执行中存在的问题，并采取措施加以纠正或者改进。

7. 附则

配合有关部门查处案件、与有关部门共同办理检查事项、接受交办或委托办事不属于法定审计职责和事项，不适用政府审计准则。地方审计机关可以根据本地实际情况，在遵循本准则规定的基础上制定实施细则。政府审计准则由审计署负责解释。

第二节 政府审计职业道德

一、政府审计职业道德的含义与本质

道德是调整社会中人与人、个人与群体、个人与社会之间的行为规范的总和。它依靠社会舆论、传统习惯和内心信念的约束力使个人行为规范化，符合社会对个人发展的方向性要求。相应地，职业道德是社会一般道德要求在职业生活中的具体体现，就政府审计职业而言同样拥有自己的职业道德规范。所谓政府审计的职业道德，是指审计人员在长期从事政府审计工作过程中逐步形成的应当普遍遵守的行为规范，具体包括政府审计人员的职业道德、职业纪律、职业胜任能力和职业责任等内容。

政府审计是一种依法独立进行的监督活动，它要求审计人员必须依据规范保持较高的独立性，并以客观和公正的态度，实事求是地反映被审计单位的问题，发表审计意见，呈报并发布审计报告。作为一种道德范畴，政府审计的职业道德依靠审计人员的精神信仰、内心信念和社会舆论的支持，没有强制的约束力。但是由于政府审计工作的特殊性，国家要求政府审计人员强制性地服从职业道德规范，以国家认可的方式赋予职业道德规范以法律依据，这样就将本属于道德领域的职业道德规范提升为法律领域的法律规范。例如，我国就曾为政府审计人员的职业道德制定了专门准则，于2001年8月1日修订并重新颁布了《审计机关审计人员职业道德准则》。2010年9月8日，审计署公布了新修订的《国家审计准则》，并在第二章"审计机关和审计人员"中，详细规定了审计机关审计人员的职业道德。新准则于2011年1月1日生效，《审计机关审计人员职业道德准则》同时废止。可见，政府审计的职业道德本质上是具有法律影响力的审计职业道德标准。

二、政府审计职业道德的作用

政府审计的职业道德可以从道德和法治观念上促使从事审计职业的工

作人员保持审计职业应有的态度和行为取向，树立审计事业良好的职业形象，并为政府审计工作赢得社会公众和相关政府机构的尊重与信赖。

（一）审计的职业道德是完成政府审计工作的保障

政府审计职业道德所强调的忠于职守、勤奋工作、依法审计、廉洁奉公等道德观念，可以对政府审计人员的思想和行为产生较大的影响，增强审计人员的事业心，培养审计人员的责任感，约束审计人员的工作行为，调整审计组织内部的人际关系。在道德习惯形成审计人员的行为习惯后，就能使政府审计人员自觉地、正确地处理审计过程中的具体事务，重视所履行的工作职责，客观公正地处理审计问题，获得相关机构的认可，从而保障政府审计工作得以顺利完成。

（二）审计的职业道德是树立审计专业精神的依靠

在审计关系中，政府审计人员需要知道自己的工作方向，需要培养审计的工作精神，这就需要以严肃的政府审计职业道德作为自己工作选择的指引，结合具体的工作准则，培养政府审计人员的选择能力和沟通能力，树立政府审计的精神信条和专业原则，鞭策他们以明确的信念处理和协调各种社会关系，做好政府审计的工作。道德为精神提供依靠，精神为行为提供指引，行为则为现实提供直接的结果和影响，对政府审计工作而言更是如此。

（三）审计的职业道德能够补充纳入必要而又未成法规的事项

审计法规能够限定审计人员在具体的审计行为当中必须做什么和必须不做什么，但却不能说明审计人员应该以何种精神面貌和工作态度进行审计工作，而这些只能通过政府审计的职业道德来提出和倡导。审计法律法规通常是对政府审计工作人员的最低要求，而审计职业道德则升华了对审计人员的要求，它纳入了与审计工作紧密相关但却尚未纳入法规制度的重要规范，以此使政府审计工作更能获得全面的指引，提升政府审计工作的效率。

（四）审计的职业道德直接关乎社会道德风尚的方向

我国审计机关和审计人员肩负着维护国家经济秩序、监督政府财政收支、促进廉洁政府建设、保障社会主义经济建设进行的重要任务。由于审计工作涉及经济领域的方方面面，同时在群众眼中审计机关及其工作人员是代表人民监督政府极为有效的方式和手段，所以政府审计就应该对从事审计工作的人员的职业道德进行严格的要求。只有审计工作具备了依法审计、客观公正、实事求是、忠于职守的道德规范，才能在社会上形成清正廉洁、奉公守法、勤俭节约、忠实诚信的社会道德风尚。所以，政府审计职业道德的遵循可以树立审计工作的公信度，并发挥审计道德对社会道德风尚的标志性作用。

三、政府审计职业道德的内容

政府审计人员职业道德包括审计机关审计人员的职业品德、职业纪律、职业胜任能力和职业责任。

（一）职业品德

审计人员应当依照法律规定的职责、权限和程序，进行审计工作，并遵守政府审计准则。审计人员办理审计事项，应当遵循正直坦诚、客观公正、勤勉尽责的职业品德。

审计人员应当正直坦诚，做到崇尚国家利益和公共利益；坚持原则，不屈从于外部压力；不隐瞒审计发现的问题，不歪曲审计结论。审计人员应当客观公正，做到以适当、充分的审计证据支持审计结论；实事求是地评价和处理审计发现的问题；保持不偏不倚的立场和态度，避免偏见。审计人员应当勤勉尽责，做到敬业奉献，认真履行应尽的审计职责；严谨细致，保证审计工作的质量；勤勉高效，及时完成所承担的审计业务；廉洁自律，不利用职权谋取私利。

（二）职业纪律

审计人员应当遵守国家的法律、法规和规章以及审计工作纪律和廉政纪律。审计人员应当认真履行职责，维护政府审计的权威，不得有损害审计机关形象的行为，同时审计人员应当维护国家利益和被审计单位的合法权益。

为此，审计人员在执行职务时，必须保持应有的独立性，不受其他行政机关、社会团体和个人的干涉。所以，审计人员在实施政府审计时应当避免与被审计单位负责人或者有关主管人员有夫妻关系、直系血亲关系、三代以内旁系血亲以及近姻亲关系，避免与被审计单位或者审计事项有直接经济利益关系，避免对曾经管理或者直接办理过的相关业务进行审计等情况发生。审计机关则需要采取相关人员依法回避制度，限制相关人员审计范围，并对相关审计人员的工作追加必要的复核程序等措施来保障审计独立性纪律的实现。

此外，审计人员在执行职务时，还应当忠诚老实，不得隐瞒或者曲解事实。审计人员在执行职务特别是做出审计评价、提出处理处罚意见时，应当做到依法办事，实事求是，客观公正，不得偏袒任何一方。

（三）职业胜任能力

审计人员应当具有符合规定的学历，通过岗位任职资格考试，具备与从事的审计工作相适应的专业知识、职业技能和工作经验，并保持和提高职业胜任能力。同时，审计人员还应当合理运用审计知识、技能和经验，保持职业谨慎，不得对没有证据支持的、未经核清事实的、法律依据不当的和超越审计职责范围的事项发表审计意见。

审计人员不得从事不能胜任的业务，还应当遵守审计机关的继续教育和培训制度，参加审计机关举办或者认可的继续教育、岗位培训活动，学习会计、审计、法律、经济等方面的新知识，掌握与从事工作相适应的计算机、外语等技能，不断优化知识结构，更新职业技能，积累工作经验，保持持续的职业胜任能力。

同时，为了保障审计工作的顺利进行，弥补审计职业胜任能力的差异，审计机关应当合理配备审计人员，组成审计组，确保其在整体上具备与审计项目相适应的职业胜任能力，以此来保障审计组织整体的胜任能力。

（四）职业责任

审计人员应当遵守国家的法律、法规和规章以及审计工作纪律和廉政纪律。审计人员应当认真履行职责，维护政府审计的权威，不得有损害审计机关形象的行为。同时，审计人员还需要对其执行职务时知悉的国家秘密和被审计单位的商业秘密负有保密的义务，尤其是对执行职务中取得的资料和审计工作记录，未经批准不得对外提供和披露，不得用于与审计工作无关的目的。

第三节 政府审计质量控制标准

质量控制对于审计机关保证审计质量、充分发挥政府审计的职能具有十分重要的意义。政府审计质量控制包括全面质量控制和项目质量控制。其中，全面质量控制要求可见于《审计法》《审计法实施条例》《国家审计准则》等有关规定中，审计署尚未对此进行集中、专门的规定。针对审计项目质量控制的要求，2000年审计署以1号令的形式发布了《审计机关审计项目质量检查暂行规定》，2004年2月审计署又以6号令的形式颁布了《审计机关审计项目质量控制办法（试行）》，对审计机关实施审计项目全过程的质量控制做出了较详细的规定。2010年9月8日，审计署以8号令的形式颁布了《国家审计准则》，并专门用一章的篇幅，从目标、要素、工作职责、责任等方面对审计质量控制和责任进行了详细的规定。该准则于2011年1月1日生效，《审计机关审计项目质量控制办法（试行）》同时废止。

一、审计人员的素质控制标准

审计人员的素质是保证审计质量的前提。审计人员的素质主要包括独立性、专业胜任能力和道德品质等方面。因此，政府审计人员素质控制标准应当包括以下内容：

1. 审计机关要保证所有参加审计的人员具有独立性

审计机关应当制定和实施审计纪律，并要求全体审计人员严格遵守，对违反审计纪律的人员要给予严肃处分；应要求审计人员定期向审计机关汇报自己在工作中是否严格遵循了独立性原则以及在被审计单位有无应予回避的人际关系和经济关系；应当与被审计单位保持联系，检查参与审计的人员有无损害独立性的情况。

2. 审计机关要保证所有审计人员都有能胜任工作的专业能力

审计机关应建立严格的聘用制度，保证聘用的审计人员都胜任自己的工作；应当建立严格的专业培训和继续教育制度，不断提高审计人员的政策素质、业务素质和职业道德水平；应建立严格的职务晋升制度，保证被提升的审计人员都德才兼备，能胜任新职务。

3. 审计机关要督导所有审计人员严格遵循职业道德准则

各级审计机关应当按照《国家审计准则》中对职业道德的相关规定及其他有关规定，制定更详细的审计人员职业纪律、职业品德要求、职业胜任能力要求和职业责任追究规定；应当经常检查审计人员职业道德遵循情况，开展评比活动；审计机关对违反审计职业道德的人员要严肃处理。总之，要使严守职业道德成为政府审计人员的自觉行动。

二、审计项目过程质置控制标准

（一）审计方案的质量控制

审计机关和审计人员执行审计业务，应当依据年度审计项目计划，编制审计实施方案，获取审计证据，做出审计结论。

审计机关应当在实施项目审计前组成审计组，审计组应调查了解被审计单位及其相关情况，评估被审计单位存在重要问题的可能性，确定审计应对措施，编制审计实施方案。对于审计机关已经下达审计工作方案的，审计组应当按照审计工作方案的要求编制审计实施方案。审计组由审计组组长和其他成员组成。审计组实行审计组组长负责制。审计组组长由审计机关确定，审计组组长可以根据需要在审计组成员中确定主审，主审应当履行其规定职责和审计组组长委托履行的其他职责。一般审计项目的审计实施方案应当经审计组组长审定，并及时报审计机关业务部门备案。重要审计项目的审计实施方案应当报经审计机关负责人审定。

审计实施方案的内容主要包括审计目标、审计范围、审计内容、审计重点及审计措施（包括审计事项和审计应对措施）、审计工作要求（包括项目审计进度安排、审计组内部重要管理事项及职责分工等）。采取跟踪审计方式实施审计的，审计实施方案应当对整个跟踪审计工作做出统筹安排。专项审计调查项目的审计实施方案应当列明专项审计调查的要求。编制和调整审计实施方案可以采取文字、表格或者两者相结合的方式。

审计组通过调查了解被审计单位及其相关情况，为确定职业判断适用的标准、判断可能存在的问题、判断问题的重要性以及确定审计应对措施等职业判断提供基础。审计人员实施审计时，应当根据重要性判断的结果，重点关注被审计单位可能存在的重要问题。审计组在分配审计资源时，应为重要审计事项分派有经验的审计人员和安排充足的审计时间，并评估特定审计事项是否需要利用外部专家的工作。

审计组根据评估的被审计单位存在重要问题的可能性，确定审计事项和审计应对措施。审计组针对审计事项确定的审计应对措施包括：①评估对内部控制的依赖程度，确定是否及如何测试相关内部控制的有效性；②评估对内部控制的依赖程度，确定是否及如何检查相关信息系统的有效性、安全性；③确定只要审计步骤和方法；④确定审计时间；⑤确定执行的审计人员；⑥其他必要措施。

在实施审计时，审计人员应持续关注已做出的重要性判断和对存在重要问题可能性的评估是否恰当，及时做出修正，并调整审计应对措施。遇有下列情形之一的，审计组应当及时调整审计实施方案：年度审计项目计划、审计工作方案发生变化的；审计目标发生重大变化的；重要审计事项发生变化的；被审计单位及其相关情况发生重大变化的；审计组人员及其分工发生重大变化的；需要调整的其他情形。审计组调整审计实施方案中的审计目标、审计组组长、审计重点和现场审计结束时间时，应当报经审计机关主要负责人批准。

（二）审计证据的质量控制

审计证据是指审计人员获取的能够为审计结论提供合理基础的全部事实，包括审计人员调查了解被审计单位及其相关情况和对确定的审计事项进行审查所获取的证据。审计人员应当依照法定权限和程序获取审计证据。审计人员获取的审计证据，应当具有适当性和充分性。适当性是对审计证据质量的衡量，即审计证据在支持审计结论方面具有的相关性和可靠性。相关性是指审计证据与审计事项及其具体审计目标之间具有实质性联系。可靠性是指审计证据真实、可信。充分性是对审计证据数量的衡量。审计人员在评估存在重要问题的可能性和审计证据质量的基础上，决定应当获取审计证据的数量。

审计人员对审计证据的相关性进行分析时，应当关注下列方面：①一种取证方法获取的审计证据可能只与某些具体审计目标相关，而与其他具体审计目标无关；②针对一项具体审计目标可以从不同来源获取审计证据或者获取不同形式的审计证据。

审计人员可从下列方面分析审计证据的可靠性：①从被审计单位外部获取的审计证据比从内部获取的审计证据更可靠；②内部控制健全有效情况下形成的审计证据比内部控制缺失或者无效情况下形成的审计证据更可靠；③直接获取的审计证据比间接获取的审计证据更可靠；④从被审计单位财务会计资料中直接采集的审计证据比经被审计单位加工处理后提交的审计证据更可靠；⑤原件形式的审计证据比复制件形式的审计证据更可靠。不同来源和不同形式的审计证据存在不一致或者不能相互印证时，审计人员应当追加必要的审计措施，确定审计证据的可靠性。审计人员获取的电子审计证据包括与信息系统控制相关的配置参数、反映交易记录的电子数据等、采集被审计单位电子数据作为审计证据的，审计人员应当记录电子数据的采集和处理过程。

审计人员根据实际情况，可以在审计事项中选取全部项目或者部分特定项目进行审查，也可以进行审计抽样，以获取审计证据。在审计事项包含的项目数量较多，需要对审计事项某一方面的总体特征做出结论时，审计人员可以进行审计抽样。审计人员进行审计抽样时，可以参照中国注册会计师执业准则的有关规定。

审计人员应当依照法律法规规定，取得被审计单位负责人对本单位提供资料真实性和完整性的书面承诺。审计人员取得证明被审计单位存在违反国家规定的财政收支、财务收支行为以及其他重要审计事项的审计证据材料时，应当由提供证据的有关人员、单位签名或者盖章；不能取得签名或者盖章不影响事实存在的，该审计证据仍然有效，但审计人员应当注明原因。审计事项比较复杂或者取得的审计证据数量较大的，可以对审计证据进行汇总分析，编制审计取证单，由证据提供者签名或者盖章。被审计单位的相关资料、资产可能被转移、隐匿、篡改、毁弃并影响获取审计证据的，审计机关应当依照法律法规的规定采取相应的证据保全措施。审计机关执行审计业务过程中，因行使职权受到限制而无法获取适当、充分的审计证据，或者无法制止违法行为对国家利益的侵害时，根据需要，可以按照有关规定提请有权处理的机关或者相关单位予以协助和配合。

审计人员需要利用所聘请外部人员的专业咨询和专业鉴定作为审计证据的，应当对下列方面做出判断：第一，依据的样本是否符合审计项目的具体情况；第二，使用的方法是否适当和合理；第三，专业咨询、专业鉴定是否与其他审计证据相符。审计人员需要使用有关监督机构、中介机构、内部审计机构等已经形成的工作结果作为审计证据的，应当对该工作结果的下列方面做出判断：第一，是否与审计目标相关；第二，是否可靠；第三，是否与其他审计证据相符。

审计人员对于重要问题，可以围绕下列方面获取审计证据：①标准，即判断被审计单位是否存在问题的依据；②事实，即客观存在和发生的情况，事实与标准之间的差异构成审计发现的问题；③影响，即问题产生的后果；④原因，即问题产生的条件。审计人员在审计实施过程中，应当持续评价审计证据的适当性和充分性。已采取的审计措施难以获取适当、充分审计证据的，审计人员应当采取替代审计措施；仍无法获取审计证据的，由审计组报请审计机关采取其他必要的措施或者不做出审计结论。

（三）审计记录、审计报告和审计档案的质量控制

1. 审计记录的质量控制

审计记录包括调查了解记录、审计工作底稿和重要管理事项记录。审计人员应当真实、完整地记录实施审计的过程、得出的结论和与审计项目有关的重要管理事项，以实现下列目标：第一，支持审计人员编制审计实施方案和审计报告；第二，证明审计人员遵循相关法律法规和审计准则；第三，便于对审计人员的工作实施指导、监督和检查。审计人员做出的记录，应当使未参与该项业务的有经验的其他审计人员能够理解其执行的审计措施、获取的审计证据、做出的职业判断和得出的审计结论。

审计组在编制审计实施方案前，应当对调查了解被审计单位及其相关情况做出记录。调查了解记录是审计记录的一种，也是审计实施阶段审计人员了解被审计单位相关情况的最重要载体。

审计工作底稿主要记录审计人员依据审计实施方案执行审计措施的活动。审计人员对审计实施方案确定的每一审计事项，均应当编制审计工作底稿。一个审计事项可以根据需要编制多份审计工作底稿。《国家审计准则》将审计工作底稿并入审计记录，并在内容和格式上与原审计署6号令规定的审计工作底稿有较大的区别。原审计署6号令中规定"对被审计单位违反国家规定的财政收支、财务收支行为以及对审计结论有重要影响的审计事项，审计人员应当在编制审计日记的基础上，编制审计工作底稿"，"其

他审计事项以审计日记记载审计事项的查证过程和结果"。而在《国家审计准则》中，虽然取消了"审计日记"的概念，让审计人员不再天天写审计日记，但并没有放弃国家审计设立审计日记的意图，而是将其部分内容移植到了新的审计工作底稿更具科学性和可操作性。

为了更加注重对审计过程的监督，便于对审计人员的工作实施指导、监督，保证审计人员遵循相关的法律法规，《国家审计准则》将一些原来具体审计准则中分散的内容进行综合整理，统一归并为重要管理事项记录。重要管理事项记录应当记载与审计项目相关并对审计结论有重要影响的管理事项。重要管理事项记录可以使用被审计单位承诺书、审计机关内部审批文稿、会议记录、会议纪要、审理意见书或者其他书面形式。

2. 审计报告的质量控制

审计报告包括审计机关进行审计后出具的审计报告以及专项审计调查后出具的专项审计调查报告。审计组实施审计或者专项审计调查后，应当向派出审计组的审计机关提交审计报告。审计机关审定审计组的审计报告后，应当出具审计机关的审计报告。遇有特殊情况，审计机关可以不向被调查单位出具专项审计调查报告。审计报告应当内容完整、事实清楚、结论正确、用词恰当、格式规范。

出具对国际组织、外国政府及其机构援助、贷款项目的审计报告时，按照审计机关的相关规定执行。

3. 审计档案的质量控制

审计组应当按照审计档案管理要求收集与审计项目有关的材料，建立审计档案。审计档案实行审计组负责制，审计组组长对审计档案反映的业务质量进行审查验收。审计组应当确定立卷责任人及时收集审计项目的文件材料，审计项目结束后，立卷责任人应及时办理立卷工作，将与审计项目有关的文件材料归入审计项目案卷。立卷责任人将文件材料归类整理、排列后，交由审计组组长审查验收，并签署审查意见。

三、审计项目质量检查控制标准

（一）审计项目质量检查的组织与管理

审计项目质量检查是指审计机关依据有关法律、法规和规章的规定，对本级派出机关、下级审计机关完成审计项目质量情况进行审查和评价。审计署领导全国的审计项目质量检查工作。地方各级审计机关负责本行政区域内的审计项目质量检查工作。审计机关负责法制工作的机构具体办理审计项目质量检查事项。

审计署负责组织对省、自治区、直辖市审计厅（局），各特派员办事处、各派出审计局审计项目质量的检查。必要时，可以对其他各级审计机关审计项目质量进行抽查。地方审计机关负责组织对本级派出机构、本地区下一级审计机关审计项目质量的检查。

审计机关审计项目质量检查工作实行计划管理。审计署制订对省、自治区、直辖市审计厅（局），各特派员办事处、各派出审计局审计项目质量检查的计划。地方审计机关制订对本级派出机构、本地区下一级审计机关审计项目质量检查的计划。审计机关组成审计项目质量检查组，并在实施检查前，向被检察审计机关送达审计项目质量检查通知书。

（二）审计项目质量检查的内容与方法

审计机关对本级派出机构、下一级审计机关审计项目质量检查的内容包括：审计工作中执行有关法律、法规的情况；建立和执行审计质量控制制度的情况；执行各项审计准则的情况；审计项目成果反映的客观性、真实性以及成果所发挥作用的情况；上级审计机关统一组织的审计项目的事实和放映情况；其他有关审计项目质量的情况。审计项目质量检查主要通过检查审计档案的方式进行，必要时可以到被审计单位核查。

（三）审计项目质量检查结果的处理

审计项目质量检查结束后，应向被检查审计机关下达审计项目质量检查结论。上级审计机关认为被检查审计机关审计项目质量较好的，可以予以表扬；有问题的，应当责成被检查审计机关予以纠正或者采取相应的改进措施；质量问题严重的，给予通报批评。被检查审计机关对于审计项目质量检查中发现的问题，应当认真整改。每年11月底之前，省、自治区、直辖市审计厅（局）应当将对本地区审计机关审计项目质量检查情况的综合报告报审计署。

四、审计项目质量分级负责标准

（一）审计方案编制与审批的分级负责

审计人员实施审计时，应当持续关注已做出的重要性判断和对存在重要问题可能性的评估是否恰当，及时做出修正，并调整审计应对措施。一般审计项目的审计实施方案应当审计组组长审定，并及时报审计机关业务部门备案。重要审计项目的审计实施方案应当报经审计机关负责人审定。审计组调整审计实施方案中的审计目标、审计组组长、审计重点、现场审计结束时间等事项时，应当报经审计机关主要负责人批准。由于审计实施方案编制、调整不当，造成重大违规问题应当查出而未能查出时，有关人员应当承担相应的责任。其中，审计机关分管领导应对审计实施方案所确定的审计目标的恰当性负责；审计组所在部门负责人应对审计范围和审计重点的恰当性负责；审计组组长应对审计内容的适当性、步骤和方法的可操作性负责；审计组成员应对审前调查过程中形成的有关记录的真实性和完整性负责。

（二）审计证据的分级负责

审计组组长应当督导审计人员收集审计证据工作，审核审计证据。发现审计证据不符合要求的，应当责成审计人员进一步取证。审计人员应当对其收集的审计证据严重失实，或者隐匿、篡改、毁弃审计证据的行为承担责任。审计组组长应当对重要审计事项未收集审计证据或者审计证据不足以支持审计结论，造成严重后果的行为承担责任。

（三）审计记录的分级负责

审计组组长或者其委托的有资格的审计人员在必要时可以对审计记录进行检查。对审计记录中存在的问题，审计组组长应当责成审计人员及时纠正。审计人员应当对审计记录的真实性、完整性负责；对未执行审计实施方案导致重大问题未发现的、审计过程中发现问题隐瞒不报或者不如实反映的以及审计查出的问题严重失实的承担责任。审计组组长对复核意见负责，对未能发现审计记录中严重失实的行为承担责任。

（四）审计报告的分级负责

审计组应当将审计报告报送审计机关业务部门复核。审计机关业务部门在收到政府审计组提交的审计报告后，应由专门的复核机构或专职的复核人员进行复核，并提出书面复核意见。审计机关业务部门应当将复核修改后的审计报告、审计决定书等审计项目材料连同书面复核意见，报送审理机构审理。审理机构以审计实施方案为基础，重点关注审计实施的过程及结果，主要审理下列内容：①审计实施方案确定的审计事项是否完成；②审计发现的重要问题是否在审计报告中反映；③主要事实是否清楚，相关证据是否适当、充分；④适用法律法规和标准是否适当；⑤评价、定性、处理处罚意见是否恰当；⑥审计程序是否符合规定。

审理机构审理时，应当就有关事项与审计组及相关业务部门进行沟通。必要时，审理机构可以参加审计组与被审计单位交换意见的会议，或者向被审计单位和有关人员了解相关情况。审理机构审理后，可以根据情况采取下列措施：①要求审计组补充重要审计证据；②对审计报告、审计决定书进行修改。审理过程中遇有复杂问题的，经审计机关负责人同意后，审理机构可以组织专家进行论证。审理机构审理后，应当出具审理意见书。审理机构将审理后的审计报告、审计决定书连同审理意见书报送审计机关负责人。审计报告、审计决定书原则上应当由审计机关审计业务会议审定；特殊情况下，经审计机关主要负责人授权，可由审计机关其他负责人审定。

（五）审计档案的分级负责

审计组成员对文件材料内容的真实性、完整性负责。立卷责任人对卷内文件材料的完整性、归档的规范性负责。审计组组长对审核验收意见负责。审计组所在部门负责人对归档的及时性负责。

五、审计项目质量责任追究制度

审计组成员、审计组组长、审计组所在部门负责人、法制工作机构负责人和复核人员、审计机关领导在执行审计项目过程中，违反审计法规、政府审计准则和审计质量控制办法等有关审计项目质量控制规定的，应当追究相应责任。

（一）追究审计项目质量责任的处理形式

追究审计项目质量责任的处理形式有：责令改正错误；告诫、批评教育；责令书面检查；通报批评；停职培训、转岗；情节严重的，按照有关规定给予行政处分；构成犯罪的，依法追究刑事责任。除上述形式外，可以取消评优、评先、晋级、晋职资格。

有下列情形之一的，可以减轻或者免予处理：非审计人员人为因素造成不良后果的；主动改正错误或者情节轻微的；其他可以减轻或者免予处理的情形。

（二）审计项目质量检查委员会的设立与运行

审计机关设立审计项目质量检查委员会，负责评估和追究审计项目质量责任。审计机关主要领导为委员会主任，委员为审计机关其他领导、相关审计业务机构、法制工作机构、人事教育机构、监察机构、机关党委、办公厅（室）负责人及有关专家。审计项目质量检查委员会下设办公室，办公室设在法制工作机构。

审计机关各有关部门应当加强对审计项目质量的检查和了解，对违反审计项目质量控制规定的行为，由法制工作机构及时报告审计项目质量检查委员会。审计项目质量检查委员会对违反审计项目质量控制规定的行为，责成各有关部门、法制工作机构进行调查，并根据调查结果做出处理决定，应当追究刑事责任的，移送司法机关处理。审计机关主要负责人违反审计项目质量控制规定需要承担责任的，由上级审计机关审计项目质量检查委员会负责评估和追究。

（三）被追究人的申诉

被审计项目质量检查委员会处理的人员若对处理决定不服，可以在收到处理决定之日起 30 日内向审计项目质量检查委员会提出申诉，由审计项目质量检查委员会做出相应处理。

第八章　政府审计服务生态文明建设理论与实践

生态环境是社会经济可持续发展的重要影响因素，是关系国家发展和人民生活的关键因素之一。作为国家"免疫系统"的政府审计应对社会生态环境进行监督和评价，保护社会生态环境良性发展。以生态文明理念监督生态文明建设实践，是政府审计的重要使命。

第一节　生态文明建设、政府生态责任与政府审计关系探讨

建设生态文明首先是生态环境保护。生态环境作为社会公共资源，维护社会生态环境的健康可持续发展是政府不可推卸的职责。依据公共受托经济责任理论、政府治理理论，政府有对生态环境和自然资源进行管理、维护使其安全的责任；而政府审计，是政府治理的有效工具，显然，三者之间存在密切关系。

一、政府生态责任与生态文明建设的关系

（一）政府是生态文明建设的主导

当下，社会经济发展与生态文明建设是一对矛盾，其实质是利益相关者之间的"利益"博弈。它涉及个体与群体、局部与整体、当代与后代的利益博弈。复杂的利益博弈，谁来代表大局、整体和长远？是芸芸众生的个体、小群体？还是先知先觉的志愿者？依据公共受托责任理论，社会公众把公共资源委托给政府进行管理，作为社会公众的受托管理人，对社会公共资源进行有效配置、维持其健康持续发展是受托政府的当然责任。所以，在社会经济发展与生态文明建设的矛盾博弈中，政府代表的是全局，是整体。

所以，在生态文明建设中，政府要承担起生态文明建设的主导责任。

（二）建设生态文明是政府善治的具体体现

生态文明是与物质文明、精神文明、政治文明并列的第四文明。只有实现生态文明和社会经济发展的协调一致，才能真正构建和谐社会、实现社会经济的可持续发展。建设生态文明，是社会公众对生态环境发展的具体要求。作为社会公共资源的受托管理者，对公共资源进行合理有效配置，实现社会经济和生态环境的长远健康发展，满足社会公众的公共需求，是政府善治的具体体现。

二、政府生态责任与政府审计的关系

（一）政府审计是政府生态责任实施的有力工具

在生态文明建设过程中，政府运用政府审计的前瞻与预防功能，对生态环境发展现状进行前瞻性评估，对可能发展的生态环境问题进行预警并提出合理化建议，为政府生态规划和生态决策提供指导或参考。政府审计通过开展审计活动，发现并揭露生态文明建设中存在的违法违规、损失浪费、绩效低下、体制障碍、制度缺陷、机制扭曲和管理漏洞等问题并进行改进和完善，为政府生态责任的高效履行，提供有力保障。

（二）政府审计对政府生态责任履行起监督、评价作用

政府审计作为国家的免疫系统，是政府治理的有效工具。反过来，政府审计运用其独有的监督、评价功能，对政府生态责任的履行情况、生态文明建设质量进行监督检查和评价，对发现的政府生态责任问题进行披露，并督促其及时改正，以保障政府生态主导责任的有效实施。

三、政府审计与生态文明建设的关系

（一）政府审计监督服务生态文明建设

前已述及，政府审计对政府生态责任起到监督评价等服务作用，以保障政府生态责任的有效履行。政府作为生态文明建设的主导，其生态责任

的高效实施，必然推动生态文明建设的发展步伐。由此可见，政府审计对生态文明建设起到监督、促进等服务作用。

（二）生态文明建设对政府审计提出审计诉求与新要求

传统政府审计主要以法律、法规为准绳，以行为标准为依据，对政府各项经济活动进行监督控制，对被审计单位与经济活动相关的信息资料和实施效果进行审查，揭示问题，提高其经济社会效益，加强宏观调控和管理，维护市场经济秩序，确保政府经济安全，提升政府治理的有效性。

目前，我国生态文明建设处于初级、摸索阶段，这需要政府审计对其资金使用安全与效益、生态文明建设制度执行与完备方面进行审计监督、评价，对生态文明建设的潜在风险等进行揭示并提出防范建议，这些都是生态文明建设对政府审计的诉求。

生态文明建设是一项浩大的、复杂的系统工程，是我国前所未有的事业，建设过程中会出现很多复杂的新问题，这对我国政府审计提出了新的要求。

1. 政府六大审计类型重要性的重新定位

政府审计非常重要，其有六种不同的类型，分别为财政审计、金融审计、企业审计、经济责任审计、涉外资金审计和环境审计。环境审计的审计项目、内容是最少的，受重视程度比较低。但政府审计服务生态文明建设，最主要的审计活动就是开展环境审计活动。所以，政府六大审计类型的重要性地位需要重新界定，把环境审计放到比财政、金融、企业、经济责任和涉外资金审计更重要的位置，加大环境审计的力度，把环境审计当作服务生态文明建设的聚焦点和突破点，不断扩大环境审计覆盖面，促使政府审计更好地发挥服务生态文明建设的作用。

2. 倡导政府审计新理念

新常态下，生态文明建设被赋予了更丰富的内涵。政府审计也要以人和自然和谐发展理念服务好我国生态文明建设。政府审计机构和审计人员在审计实践中，要以生态文明理念指导政府审计工作，创新审计思路、审计理论、审计方法和技术，丰富政府审计的内容与内涵，不断提高政府审计服务生态文明建设的能力。

3. 开拓政府审计新思路

生态文明建设是一项浩大、复杂的系统工程，建设过程中必然会出现许多新情况、新问题，政策和项目会更加复杂，生态文明建设资金和数据会更加庞大，这对政府审计人员知识的专业性与复合性提出了更高的要求，对审计思路、方法、手段和技术提出了新挑战。为更好地服务生态文明建设，政府审计机构及审计人员要努力提高综合性审计能力；不断拓展审计思路，创新审计理念；把互联网、大数据、信息技术等纳入政府审计活动，在信息化审计技术上下功夫，努力提高审计信息化水平，掌握新形势下提升政府审计服务生态文明建设的新手段、新方法。

总之，政府审计作为政府治理的工具，对政府的生态责任进行监督、评价，通过审计监督可以促进政府生态责任的有效履行，促进生态文明建设的持续健康发展。

第二节 政府审计服务生态文明建设的角色与机制

一、政府审计服务生态文明建设的角色分析

我国生态文明建设，离不开三个关键责任主体：政府、政府审计和社会组织及公众。

（一）政府——生态文明建设"引导人"

引导人的特征如下：

1. 先导性

引导人的先导性既包括知识技能的先导性，也包括思想观念的超前性。党的十六大报告提出："全面建设小康社会的目标——生态环境得到改善，资源利用效率显著提高，促进人与自然的和谐，推动整个社会走上生产发展、生活富裕、生态良好的文明发展道路。"

党的十七大报告把生态文明作为与物质文明、精神文明、政治文明并列的第四文明。

党的十八大报告提出："建设生态文明，是关系人民福祉、关乎民族未来的长远大计。"

党的十九大报告中提出："坚持人与自然和谐共生。建设生态文明是中华民族永续发展的千年大计。"

以上关于生态文明建设的论述，无不体现了党和政府对生态文明认识的超前性和行动的先导性。

2. 主动性

引导人的主动性就意味着它能够自觉主动地发现一定的问题，并制定相关的计划和策略等。这种行为是自发的，没有外力在发挥作用。在具体的实践中，我国政府十分重视生态文明建设，并把生态文明建设纳入了国家的发展战略。

在生态文明建设中，我国政府很好地发挥了引导人的主动性，具体表现在：第一，我国政府十分尊重自然，善于准确把握各种自然规律等，并善于把这些自然规律应用到经济建设和环境保护的实践中。在这个过程中，我国政府也广泛使用了很多手段，如行政手段、法律手段、经济手段以及教育手段等，政府综合利用这些手段来为经济发展以及生态保护做铺垫。

我国政府从国家战略的高度，全方位引导社会公众践行生态文明，是政府生态文明建设"引导人"角色的具体体现。

（二）政府审计——生态文明建设的"监督＋评价＋免疫"人

政府审计依法对生态文明建设实施全过程、全领域的审计监督，是法律赋予政府审计的神圣职责。政府审计依法对生态文明建设过程及其资料进行审查，并依据审计准则等政府审计标准对所查明的事实进行分析和评定，肯定成绩，指出问题，总结经验，寻求改善管理，提高效率、效益的途径，这是政府审计评价职能的体现。

在国家治理的相关理论中，政府审计扮演着十分重要的角色，它好比是一个"免疫系统"，在生态文明建设中扮演着"监督人""评价人"以及"免疫人"的角色。具体而言，政府审计的主要职责是：发现、揭露国家在生态文明建设中的矛盾以及存在的问题，并根据实际情况提出一些具有价值的意见。

（三）社会组织及公众——生态文明建设的"践行人"

众所周知，我国的生态文明建设并不是一个一蹴而就的过程，它是一个长期的过程，需要大量社会组织以及社会公众的积极参与。在生态文明的建设中，各种类型的社会组织以及社会公众都是生态文明建设的重要主体，这些主体都具有较强的能动性，他们能够在生态文明建设的过程中贡献自己的力量，能够积极践行国家制定的各项政策、法律法规等。

二、政府审计服务生态文明建设的机制

生态文明建设作为一项复杂的系统工程，涉及政治、经济、文化、社会、自然环境等多个方面和广泛的领域，具有投资大、建设周期长、成效低等特点，需要在政府领导下，社会全员参与。生态文明建设承载着人与自然和谐共生的理想，承载着实现中华民族伟大复兴中国梦的任务，承载着建设美丽中国的目标。但是，生态文明属于公共物品，具有公共物品属性，社会公众自发履行生态文明建设的责任比较困难，需要政府部门主导、财政投入、制度保障、全员参与。政府审计作为国家的监督部门和"免疫系统"，具有保障资金安全，监督政策执行，评价建设绩效，揭示、预防和抵御风险的功能。所以，政府审计服务生态文明建设的作用机制是监督与评价、揭示、预警、威慑、抵御（见图8-1），促进生态文明建设落实到位。

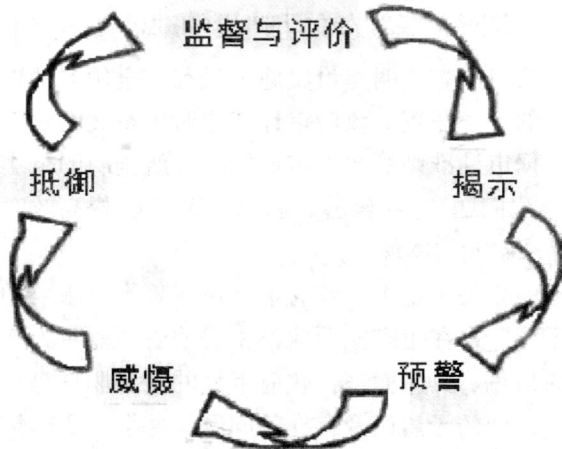

图8-1　政府审计服务生态文明建设的作用机制

（一）监督与评价作用机制

审计监督与评价机制是指政府审计依法对被审计单位的各项活动进行监督和评价。在我国，审计监督、评价制度已通过法律、法规的形式规定下来。

生态文明建设涉及国土、资源、财政、环保等部门，是系列资源的整合与协调配置。政府审计围绕生态文明建设中的重点部门、重大工程、重

大资金，依法开展专项审计、跟踪审计、持续审计等事前、事中、事后监督控制，监督生态建设资金安全，监督生态文明建设制度的执行落实，评价生态文明建设政策制度的适应性和效果性，督促相关单位或个人遵纪守法，履行受托责任，提高生态文明建设的经济效益、社会效益，加强宏观调控和管理，维护市场经济秩序，以确保生态文明建设得以健康持续发展。政府审计对生态文明建设的监督与评价作用机制如图 8-2 所示。

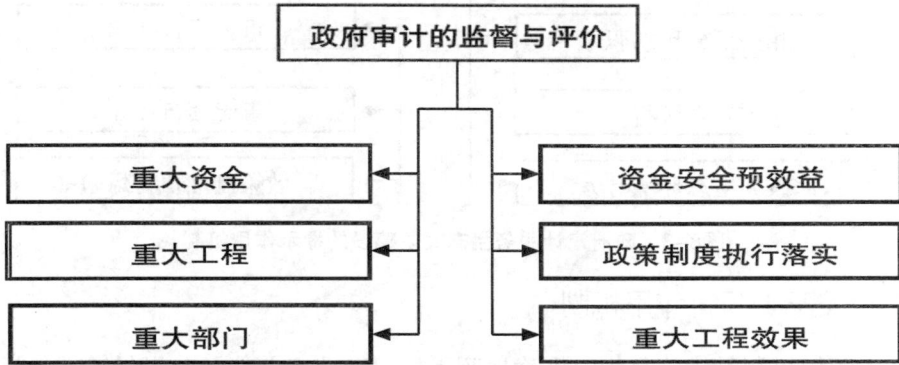

图8-2 政府审计服务生态文明建设的监督与评价作用机制

（二）揭示作用机制

运用政府审计独有的检查权、调查取证权和结果公布权，政府审计人员在对生态文明建设进行审计的过程中，发现和报告生态文明建设的问题和潜在风险，揭示生态文明建设中的违法违规行为、玩忽职守、随意污染、随意浪费、上有政策下有对策等问题，并提出合理化改进建议。政府审计对生态文明建设的揭示作用机制如图 8-3 所示。

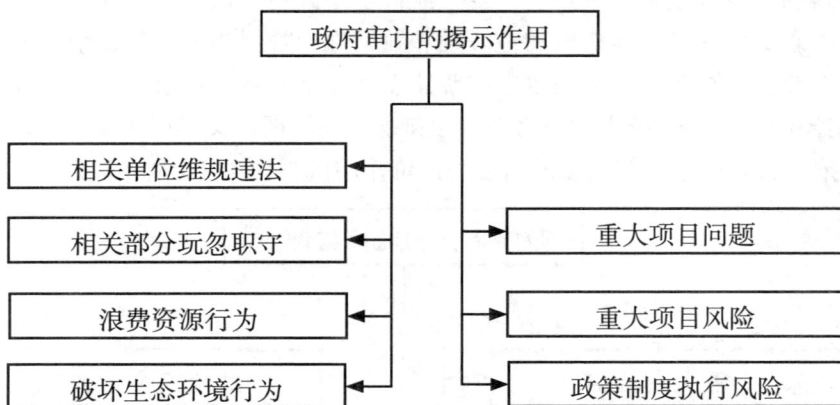

图8-3 政府审计服务生态文明建设的揭示作用机制

（三）预警作用机制

预警机制是指能灵敏、准确地昭示风险前兆，并能及时提供警示的机构、制度、网络、举措等构成的预警系统，其作用在于超前反馈、及时布置、防风险于未然。

政府审计作为经济社会的"免疫系统"，通过对生态文明建设的事前、事中和事后监督评价，能够及时识别、揭示生态文明建设面临的各种问题和风险，及时准确地发现生态文明建设风险的苗头性问题，及时切断风险源，进行生态文明建设的预警处理。

通常情况下，采用什么样的审计方式就会运用什么样的预警机制。比较常用的审计方式有如下三种：第一种是跟踪审计；第二种是持续审计；第三种是专项审计。

第一，跟踪审计。跟踪审计主要是指对需要审计的事情开展整个过程且分一定阶段的审计。这种审计方式的优点是具有比较强的时效性和预防性，可以大幅度提升审计工作的实际效率。在我国的生态文明建设中，采用跟踪审计的关注点应该在于资源环境的政策方面等。

第二，持续审计。持续审计一般采用的方法就是实时的在线审计，它能够实现比较持续、动态地关注和了解审计的过程，这也有利于发现我国生态文明建设中的很多不良行为。

第三，专项审计。专项审计也是我国审计工作中比较具有针对性的一种审计方式。在具体的生态文明建设中,针对建设中出现的重要问题和错误,政府的审计部门可以联合多个不同的部门一起开展综合的专项审计调查,从而找出问题,并提出有价值的建议。总之,政府审计对生态文明建设的预警作用的具体机制如图 8-4 所示。

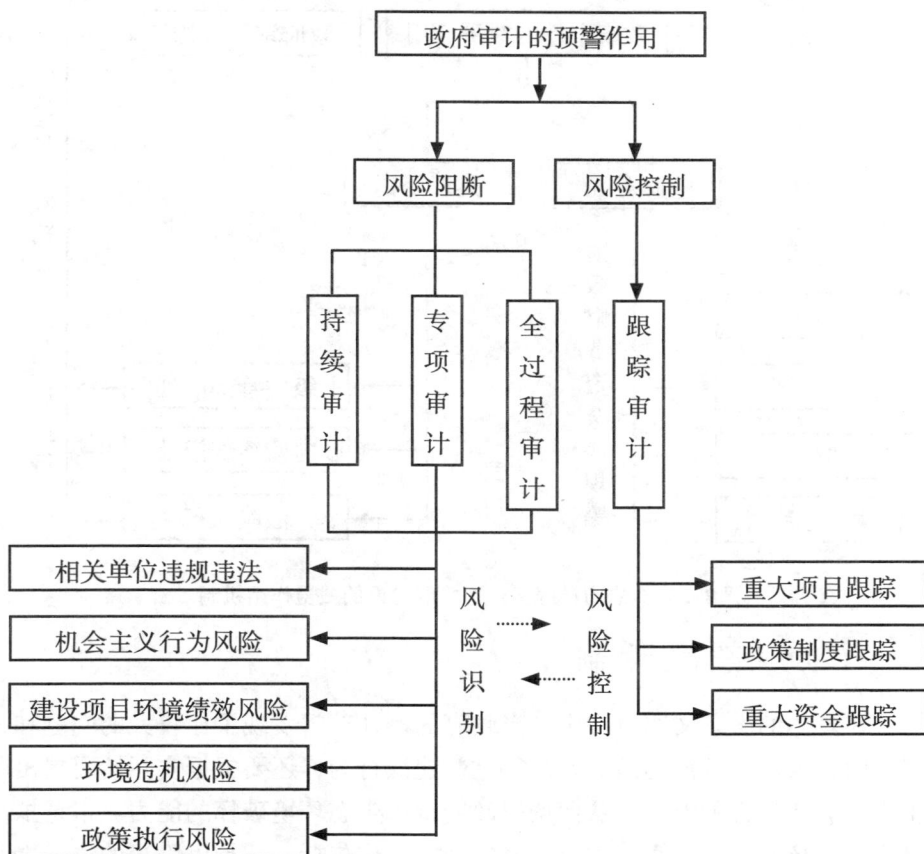

图8-4　政府审计服务生态文明建设的预警作用机制

(四)威慑作用机制

威慑源于敬畏和威信,政府审计具有查处一个、震慑一片、"免疫"一方的威慑作用。政府审计机关具有行政执法权,在生态文明建设过程中,政府的审计部门具有比较大的权利,在生态文明建设的具体实践中,当审计部门发现了被审计部门调查的单位有任何的违法行为,审计部门都可以立刻对其违法行为进行一定的处罚。此外，审计部门还可以给相关的机构、部门等提出建议，请求这些部门处罚出现问题的被审计单位＾这些举措可以大幅度提升政府审计的威慑性，有利于生态文明建设的开展。政府审计对生态文明建设的威慑作用机制如图 8-5 所示。

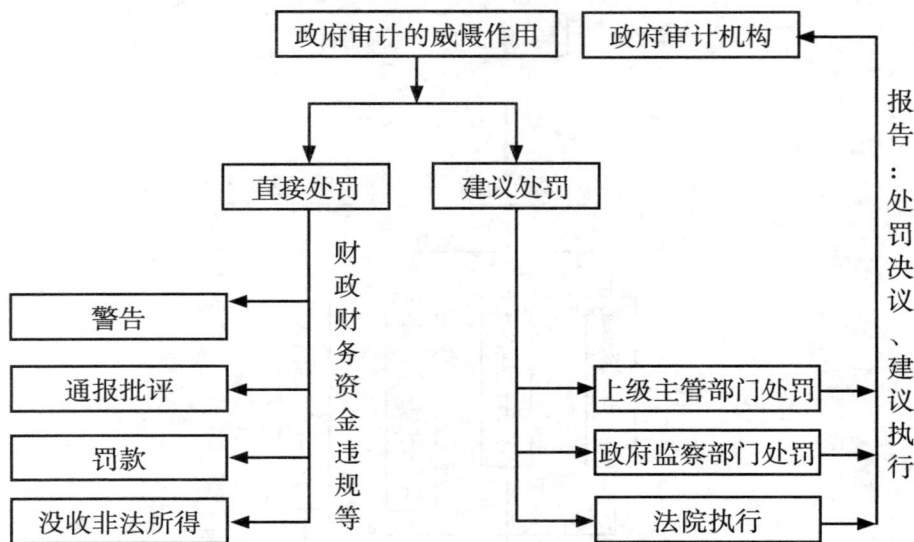

图8-5　政府审计服务生态文明建设的威慑作用机制

（五）抵御作用机制

在具体的生态文明审计中，当政府的审计部门发现了比较大的问题和漏洞时，政府审计部门除了要严惩这些违法行为，还要根据实际情况提出很多具有建设性的意见，从而增强政府抵御生态环境破坏的能力。审计抵御机制的核心内容是审计建议及其实施，具体包括：一是以恰当的方式提出高质量的审计建议；二是审计建议的实现，即审计委托单位、被审计单位和审计方三方联动以采纳和实施审计建议；三是后续审计制度，即审计建议提出之后，审计方对被审计单位实际建议实施情况再检查验证。审计建议、三方联动实施审计建议以及后续审计三方面密切相关，是政府审计抵御机制实施的关键。目前，生态文明建设的相关制度体系不完善，这更需要政府审计通过开展生态文明建设过程审计，提供制度建设和相关改革需要的信息，避免制度建设中的"信息孤岛"问题。而且，生态文明建设新制度的建设和完善，可以为生态文明审计的开展提供有力的政策依据。

政府审计对生态文明建设的抵御作用机制如图 8-6 所示。

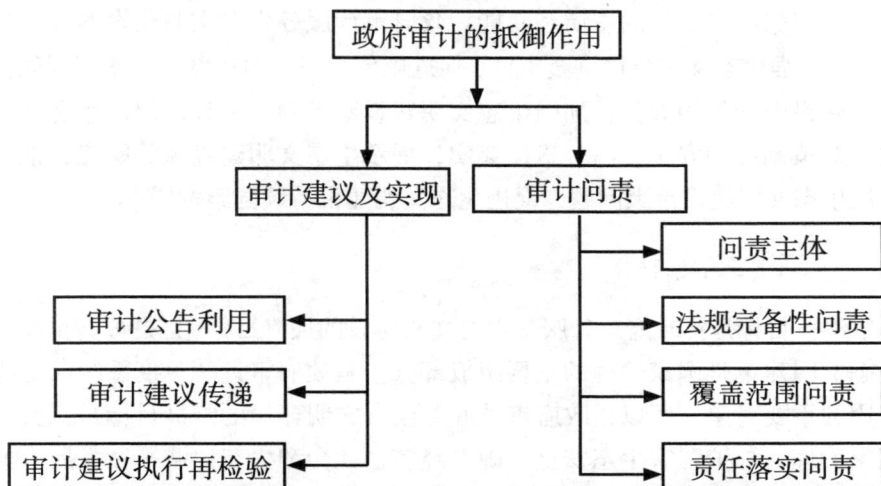

图8-6　政府审计服务生态文明建设的抵御作用机制

从政府审计免疫系统理论、政府治理理论出发，探讨政府审计在生态文明建设中的审计监督与评价机制、预警机制、揭示机制、威慑机制与抵御机制，构建政府审计在生态文明建设中的服务作用机制系统。

第三节　政府审计服务生态文明建设的目标与路径

一、政府审计服务生态文明建设的目标

随着国家治理理念的转变，政府审计作为国家的"免疫系统"，其审计内容和审计服务重点不断变迁。在生态文明建设过程中，政府审计把服务生态文明建设作为国家治理的重要组成部分，发挥着预防、揭示和抵御的"免疫系统"功能。基于生态文明建设的国家战略地位，政府审计服务生态文明建设的审计目标划分为两个层次：初级目标和终极目标。

（一）初级目标

初级目标是指政府审计服务生态文明建设当前的目标。初级目标建立

在对国家生态文明建设状况充分调研和正确认识生态文明建设长期性的基础上。依据政府审计的本质和功能，政府审计服务生态文明建设的基础目标为：加强生态文明建设资金审计，促进规范生态文明建设资金使用管理，提高建设资金使用效益；加强生态文明建设政策制度审计，促进生态文明建设政策制度的安全、高效贯彻落实，揭示生态文明建设风险隐患，推进解决生态文明建设重大问题，促进生态文明建设持续健康发展。

（二）终极目标

终极目标是指政府审计服务生态文明建设的最终目标，也是最高目标。生态文明建设是国家治理的重要组成部分，是政府审计"免疫系统"功能作用的重要对象。所以，政府审计服务生态文明建设的终极目标是：服务国家治理，维护国家生态安全，确保经济、社会和生态协调平衡发展，推进生态文明建设持续向好，最终促进实现美丽中国的伟大梦想。

二、政府审计服务生态文明建设的路径

（一）经济与生态均衡发展型生态文明建设政府审计服务路径

经济与生态均衡发展型生态文明建设，重点是在保持现有生态环境质量向好的情况下，重点开展生态环境欠账攻关和影响生态文明建设的制约因素的破解。依据经济与生态均衡发展型生态文明建设类型的特点，政府审计服务的具体路径如下：

1.加强权力监督，规范环保权力健康运行，促进生态文明建设稳中有升

政府审计机构和审计人员，结合经济与生态绿色均衡发展型生态文明建设的特点，把环保权力实施、生态文明建设制度安排和落实，作为政府审计的重点之一，客观评价环保权力运行的规范性和高效性，评价生态文明建设制度安排和落实的规范性、适应性和效益性，把环保资金使用、环保项目审批作为审计切入点，加强审计监督，压缩环保权力自由裁量、运用的空间，推进环保权力规范运行。

2.揭示生态文明建设的突出矛盾和潜在风险，维护国家生态安全

在"免疫系统"理论指导下，政府审计加强生态文明建设政策、建设项目和建设资金的风险评估审计，揭示生态文明建设过程中存在的问题，

关注生态文明建过程中的突出矛盾，识别和揭示生态文明建设中的潜在风险、隐患，防御和抵制生态恶化问题和趋势。重点开展生态文明建设重大政策和重大生态民生项目的审计工作，确保在生态文明建设稳定向好的基础上，促进生态文明建设质量不断提升。

3. 开展生态文明建设重点攻关项目审计，调整审计服务的重点和力度

开展生态文明建设重点攻关资金、项目和政策专项审计，突出资金安全、高效使用审计，重点生态建设项目跟踪审计，生态攻关政策的适用性和效益性专项审计，确保生态文明建设攻关的适用性、高效益性和环境质量的持续向好性，确保生态文明建设攻关的成效性。

4. 拓展审计思路，创新审计方式方法

由于生态文明建设的复杂性、生态建设重点攻关的困难性，政府审计在开展生态文明建设审计服务过程中，要不断拓展审计服务思路，创新审计服务方式、方法，以应对生态文明建设攻关项目的复杂性，实现审计监督、评价的客观性和公正性，揭示被审计对象风险隐患的隐蔽性，以更好地服务生态文明建设。

5. 建立信息和资源共享机制，优化审计资源配置

建立健全审计服务协商机制，保障审计工作协同、沟通畅通。提升审计信息服务水平和服务能力，构建政府审计信息和资源共享机制，推进审计合作与交叉审计，促进审计信息资源的共享、共用，不断优化审计资源配置，不断提升生态文明建设审计服务水平和服务能力。

（二）经济与生态相对均衡发展型生态文明建设政府审计服务路径

经济与生态相对均衡发展型生态文明建设的重点是在保持整体推进的基础上，抓特色、突出重点，以特色发展带动整体发展水平的提升。依据生态文明建设这一类型的特点，政府审计服务的路径如下：

1. 强化政策措施审计，促进宏观经济和生态文明建设的依法调控

当前，生态文明建设和经济发展进入新常态，我国中央和地方政府相继出台了一系列政策措施，推动宏观经济转型发展和生态文明建设。政府审计作为国家治理的"免疫系统"，要切实加强政策措施执行审计，促进宏观政策的高质量贯彻落实，防范政策执行风险，推进社会经济和生态文明建设整体提升。

2.大力推进生态环保资金审计，保障生态环保资金安全、高效益

经济与生态相对均衡发展型生态文明建设，由于整体水平不高，往往生态环保建设投入大，资金多。所以，政府审计要管好"钱袋子"，加强生态文明建设资金使用安全监督和使用效益评价，保障生态建设资金安全、高效。由于这一类型的发展策略是抓重点、抓特色，所以政府审计要开展特色项目资金投入专项审计，"把钱用在刀刃上"，防范特色项目腐败，保障特色项目资金安全、高效。

3.加大特色生态文明建设项目审计，揭示突出矛盾和潜在风险

加大生态文明建设项目，特别是优势、特色项目审计。一是以建设项目资金使用为主线，揭示项目建设过程中存在的突出问题、突出矛盾，评估项目建设风险。二是做好项目跟踪审计，评价项目成果对生态文明建设的持续贡献，合理评估项目成果对生态环境的负面影响，并提出防范建议，保障生态文明建设的特色化发展。

4.增强审计建议的针对性和宏观性，促进生态文明建设体制机制完善

充分发挥政府审计的监督、评价、揭示、预警和抵御功能，系统研究审计中发现的资料、数据，揭示被审计对象存在问题的倾向性、规律性和趋势性，针对性地提出合理化的预警或抵御建议，以政府审计"倒逼"生态文明建设体制、机制的完善，促进生态文明建设整体的突破式发展。

（三）经济欠发达与生态资源环境优势型生态文明建设政府审计服务路径

1.加大宏观经济与生态文明建设政策审计，确保战略部署落到实处

经济欠发达与生态资源环境优势型这一类型的省市，经济欠发达导致生态文明建设进程缓慢。当务之急是发展经济，用经济助推生态文明建设进程。所以，政府审计要开展宏观经济政策和生态文明政策的贯彻落实审计，揭示借政策之名搞牺牲资源环境的经济发展战略，做好政策执行偏差与预警，抵制政策执行"明修栈道、暗度陈仓"行为，发现并及时地纠正那些不严格遵守国家制定的政策的行为，从而使我国的生态文明建设制定的各项举措都能够在实践中被践行。

2.加强权力审计监督，让环保权力运行在阳光下

经济欠发达与生态环境资源优势型的省市，生态建设有一定的基础或优势，但社会经济发展相对缓慢。这需要政府审计以资金为主线，开展社会经济发展、生态文明建设相关的审批、核准等管理运行的规范性，环保

执法行为的规范性审计。通过审计公告等审计信息披露，增加社会公众环保知情权，减少信息不对称带来的误解、冲突等问题，减少环境侵权等行为发生，让环保权力在阳光下运行，保障社会经济发展不以牺牲生态资源为代价。

3.揭示生态文明建设中的突出矛盾和风险隐患，保障生态质量持续向好

与经济发达与环境欠债矛盾型生态文明建设类型刚好相反，本类型省市社会经济欠发达，但生态资源环境优势比较明显。所以，该类型生态文明建设过程中的矛盾和隐患多而复杂。作为"免疫系统"的政府审计服务在开展审计过程中，要充分发挥审计的预见性作用，揭示生态文明建设进程中存在的矛盾和风险隐患，有力遏制生态环境质量损害倾向，保障生态环境质量持续向好。

4.构建多元化审计格局，提升政府审计服务能力

社会经济发展与生态环境质量的矛盾性，导致生态文明建设进程的复杂性和困难性。所以，政府审计除了开展生态环境审计外，要注意创新审计思路、拓展审计内容，开展经济发展与生态环境融合的综合性审计，构建综合审计、专项审计和跟踪审计相结合的多元化审计格局，开展全方位、全环节、全过程的政府审计服务，保障生态文明建设整体水平稳步提升。

（四）经济不发达与生态劣势型生态文明建设政府审计服务路径

1.尊重自然，顺应生态文明建设的价值取向，推动实现环境生态式开发

经济不发达与生态劣势型省市，自然环境有很大优势，但经济落后，社会发展程度低，人居生态质量差。所以，生态文明建设的当务之急是加快自然环境开发，发展特色生态经济，借以推进生态环境质量的提升。政府审计作为监督部门，应加大环境资源开发审计，通过审计监督防范环境资源开发激进政策，揭示经济、生态建设风险，推进尊重自然、顺应自然的生态式经济模式，助推实现经济与生态的双赢发展。

2.找准政府生态责任边界，力保政府生态责任落实

政府审计在审计活动过程中，要重点监督生态环境公共政策和制度的制定程序，检查政策、制度实施效果，评价政策、制度的科学性和适应性，评价政府生态环保责任的执行情况，健全审计信息披露和生态环保责任问责机制，力保政府生态责任的落实。

3. 加大生态建设资金审计力度，保障生态建设资金安全和高效益使用

经济不发达与生态劣势型省市，经济发展水平落后，人民生活比较困难。在国家决胜全面建成小康社会的关键"窗口期"，国家对这些省市采取政策倾斜，投入较多的脱贫资金、专项资金用于社会经济发展和生态文明建设。政府审计要加大资金审计力度，保证"好钢用在刀刃上"，检查、监督资金的合理、规范使用，评价资金投放的经济和生态效益和效果，揭示资金使用中存在的问题，防范资金使用风险，特别要防范贪污腐败的滋生，确保提升政策资金的利用率和使用效益。

4. 加大企业生态审计结果追究与处罚力度，助推企业自觉参与生态建设

经济不发达与生态劣势型省市，企业生态环保意识比较淡薄，参与生态文明建设的积极性不高，屡屡出现生态环保问题。企业生态环保问题之所以屡审屡犯，重要原因是处罚力度不够、审计监督间隔时间长，滋生了企业的侥幸心理，甚至有些执法部门对违规企业"睁一只眼闭一只眼"，助长了企业的违规行为。对此，政府审计部门要加大审计力度、缩减审计间隔期，加大审计处罚力度、推进审计信息公开披露，把企业"污染"晒在阳光下，迫使企业重视生态环保问题、提升生态环保意识，助推企业自觉参与生态文明建设。

5. 加快领导干部自然资源资产离任审计，确保领导干部生态责任落实

加快推进领导干部自然资源资产离任审计，评价领导干部生态权利的规范使用，揭示领导干部自然生态资源资产浪费和过度使用行为以及以牺牲自然资源资产为代价的环境经济政绩行为和"面子工程"，加强领导干部生态责任问责和追究制度，确保领导干部生态责任落实，抵制领导干部"上届生态资源欠账下届还"的不良行为，助推区域生态文明建设稳步推进。

6. 加大重点资金、领域、项目的审计力度，助推生态文明建设特色化发展

政府审计要加大生态文明建设重点资金审计，加大资金使用范围和用途审计，发现并揭示以虚假材料申报骗取生态建设资金现象，保障建设资金安全和规范使用。注重建设资金绩效审计，提高资金的使用效率。加大重点项目建设过程跟踪审计，发现并揭示项目建设出现的问题，防范建设项目高估冒算、扩大建设成本等资金浪费行为，强化项目建设质量和使用效果跟踪审计，保障项目建设质量和运行后的生态经济效果。通过专项审计与综合审计相结合的方式，强化资源保护和生态文明建设等重点领域审

计，建立健全政府审计结果等信息公开披露制度，提升社会公众生态环保意识，助推生态文明建设特色化发展。

第四节 政府审计服务生态文明建设的举措与实践

一、政府审计服务生态文明建设的举措

（一）政府层面

1. 健全政府生态文明建设和审计相关法律法规

目前，在我国政府审计机关开展审计工作所依据的生态文明建设、生态环境保护以及生态审计法律法规还不健全，这在一定程度上影响了政府审计服务生态文明建设的法制化，使得政府审计工作大打折扣。因此，政府相关部门应建立和健全生态文明建设、生态环境保护和审计的相关法律法规，明确赋予政府审计机关服务生态文明建设的权力和责任，研究构建服务生态文明建设审计准则体系，明确生态文明建设过程中政府审计的范围、责权、审计信息质量要求、审计信息披露以及违规处置权等。通过构建生态文明建设审计准则来指导政府审计工作，保证生态环境审计工作的规范性、准确性，做到有法可依。

2. 构建政府生态责任追究机制

目前，虽然建设生态文明已上升为国家战略，加快生态文明建设也已成为政府工作的重点内容，但是部分政府在生态文明建设的落实上，还存在一些问题或者缺少长期的生态规划，生态文明建设初级目标存在短期行为。因此，应建立健全政府生态责任追究机制，加快推进相关制度文件的落实，健全政府生态责任追究机制，迫使政府在生态问题上进行长远规划，同时也为政府审计机关开展审计服务工作提供保障。

3. 建立健全生态环境审计信息披露制度，把审计公告"晒"在阳光下

政府相关部门应在现有审计结果公告制度基础上，建立健全生态环境审计信息充分披露制度、拓展审计信息披露渠道和披露方式，把生态环境审计公告"晒"在阳光下，让社会公众知晓审计发现的生态环境问题以及

审计结果的执行、落实。健全生态环境信息公开制度，保障公众生态环境知情权、参与权和监督权。健全政府生态管理体制，为政府审计机构服务生态文明建设审计的开展提供广泛的社会支持。

4. 加大生态环保理念宣传，提升社会公众生态意识和生态建设参与度

我国生态文明建设起步晚，社会公众生态环保意识比较淡薄，自觉参与生态文明建设的积极性不高，参与程度比较低。所以，政府相关部门要通过各种渠道，大力宣传国家生态文明战略和生态文明建设的必要性和紧迫性，提升社会公众对生态文明建设的认识，提高社会公众生态环保和自觉参加生态文明建设的积极性，自觉加入生态文明建设服务监督队伍，共同推进生态文明建设进程。

（二）政府审计机构和审计人员层面

1. 以生态文明理念指导政府审计服务生态文明建设实践

在生态文明建设进程中，政府审计和审计人员要转变传统审计观念，树立生态文明理念。政府审计机构和审计人员要深刻理解和准确把握生态文明建设的本质，以生态文明理念丰富政府审计服务生态文明建设内涵，并指导政府审计实践。这要求在生态文明建设过程中，政府审计机构和审计人员在实施审计活动的每一环节和程序，都要综合考虑生态文明建设的目标、要求、任务并落实到实践中。

以生态文明理念指导审计实践活动，政府审计机关和审计人员要以可持续发展标准评价审计问题，不仅要重点考虑审计对象的经济效益，还要着重考虑审计对象的社会效益以及生态环境效益。综合考虑上述因素，要审查资源环境相关项目的资金去向、资金分配以及项目的进展，核实项目生态环境目标实现情况；在出具审计意见时，站在生态文明建设的制高点，着眼全局、立足长远，以资源环境改善、生态环境问题的解决为根本，揭示发现的问题，提出建设性意见。

2. 加快生态审计文化建设，提高审计人员服务生态文明建设的审计意识

审计文化是审计机构和审计人员在审计工作过程中形成的具有自己特色的审计理念、行为模式以及与之相适应的规章制度和组织机构等的总和。它是审计机构和审计人员的精神支柱和前进动力，能够把审计人员的思想和行为引导到政府审计所确定的职责要求和既定目标中来。因此，加快生态审计文化建设，提升审计人员服务生态文明建设的审计意识，创新生态

审计理念，带动生态审计的机制创新、方式创新和管理创新，促进政府生态审计快速发展。

3. 顺应生态文明建设项目特点，做好生态文明审计规划

由于每个生态文明建设项目本身具有的复杂性和特色性，政府审计机构和审计人员在开展审计工作前，综合考虑自身审计权力和审计能力情况下，依据不同生态文明建设项目特点，制定审计服务目标和计划等。依据审计发现的问题和审计依据，对审计结果进行客观评价。这是发挥政府审计服务生态文明建设作用的重要环节，是提升政府审计服务生态文明建设能力的必要条件。

4. 拓展政府审计范围，强化政府审计的生态责任监督

目前，服务生态文明建设审计所涉及的领域比较少，主要是对水资源、土地资源以及"三废"排放等方面开展审计。在服务生态文明建设过程中，政府审计范围还比较窄，对生态责任的审计监督能力比较弱。所以，要通过法律法规形式，明确政府审计服务生态文明建设的权限。

5. 加快政府审计人员队伍建设

在服务生态文明建设过程中，政府审计机构和审计人员会面临很多"新生事物"，相关审计人员的审计经验和审计知识相对比较匮乏，高素质审计人员短缺。因此，应加快政府审计人员培养，不断提升政府审计人员服务生态文明建设的素质和能力。

6. 创新审计技术和审计方法，提升政府审计服务生态文明建设能力

审计技术和审计方法是服务生态文明建设审计效果的保障。目前，在服务生态文明建设审计中多采用生态踪迹法、综合法、生命周期法、投入产出法、时间序列法等多种方法对环境生态进行计量，但以上方法还不能很好地解决生态问题边界、价值计量等问题。因此，应不断创新生态风险评估与应对、生态绩效评估、生态价值计量等生态审计技术方法，从而可以实现定性的指标具有一定的可量化性，这样也能够充分降低评价机制里面的各项主观因素的影响，从而保障生态审计评价是公平的，不断提升政府审计服务生态文明建设的能力。

（三）高校与科研机构和审计中介机构层面

1. 高校与科研机构方面

（1）加大国外经验借鉴研究，完善我国政府审计服务生态文明建设理

论。国外发达国家，对生态环境关注较早，环境审计的理论比较成熟，审计实践经验丰富，生态环保以及审计相关的法律法规体系比较健全，政府环境审计对环境保护和生态建设做出了巨大贡献。高校以及科研机构要加大国外环境审计理论、环境保护以及审计相关法规制度和审计实践研究，剔除糟粕，吸取精华，学习借鉴国外审计先进经验和前沿知识，为我所用，不断充实和完善我国政府审计服务生态文明建设理论。

（2）加大理论研究，丰富生态文明建设理论和审计理论体系。理论源于实践、理论指导实践。我国生态文明建设起步晚，理论研究不够成熟。高校和科研机构要加大生态文明建设的内涵、本质、目标、任务等理论研究，形成我国生态文明建设理论体系，以指导生态文明建设实践。生态文明建设是我国前所未有的复杂的系统工程，政府审计在服务生态文明建设过程中，会遇到许多复杂的新问题，这对审计理论提出了新的要求。所以，高校和科研机构，要在借鉴国外审计服务和审计实践经验的基础上，结合我国新阶段实际情况，加大审计理论创新，完善审计理论体系，以成熟理论指导政府审计实践创新前行。

2. 审计中介机构层面

（1）协调其他审计机构和审计组织，做好政府审计的联合审计。在政府审计服务生态文明建设过程中，由于被审计对象的复杂性，往往需要社会审计、内部审计机构协同配合，共同完成生态文明建设项目的审计任务。审计协会等审计中介机构，凭借一端连接政府审计机构，一端连接民间审计组织的中介桥梁身份，可以起到协调其他审计组织配合政府审计，共同完成服务生态文明建设的审计任务，提高政府审计服务生态文明建设工作的效率和效果的效果。

（2）发挥审计中介机构桥梁作用，做好审计服务生态文明建设宣传。审计协会等审计中介机构，具有上传下达的中介桥梁作用。审计协会等审计中介机构，在深入理解掌握生态文明建设理论内涵、生态文明建设相关法律法规、环保政策、审计规章制度的基础上，充分发挥其中介桥梁作用，对下做好政府审计服务生态文明建设的相关理论、政策、制度的宣传，提高社会公众对政府审计服务生态文明建设的认识程度，提高社会公众自觉参与生态文明建设的积极性。对上做好信息传导工作，调研、收集有关生态文明建设、政府审计服务生态文明建设过程中存在的问题，及时向政府审计机构等政府部门进行信息反馈，协调解决好有关国计民生、生态文明建设、政府审计服务等相关的问题，提升政府审计的公正性和权威性。

二、政府审计服务生态文明建设实践——以山东省济南市历下区审计局专项审计为例

（一）环保资金专项审计背景

近年来，雾霾天气治理、水源地保护、饮用水安全、土壤污染等环境问题，引起社会的广泛关注。空气、水、食品这些人类生存基本必需品的质量，不但影响当下一代人的身体健康，更关乎国家和民族的未来。我国政府始终坚持走可持续发展道路，坚持保护资源和保护环境的基本国策。近年来，国家环保投资的资金量和 GDP 占比不断加大，各级政府和环保部门也积极采取措施，为改善环境质量做出努力。但是，有些单位把国家环保资金当作唐僧肉，"要"的动机不纯，"用"的途径不实，本该专款专用的环保补贴资金，被虚报项目，挪作他用。

（二）审计目的

2014 年 1 月，山东省济南市历下区审计局根据区预算执行审计工作统一安排，对全区 2013 年度财政拨付的节能减排补贴资金开展专项审计调查，目的是保障国家环保政策资金的安全和高效使用。

（三）审计过程

1. 审计调查

济南市历下区审计局开展的节能减排补贴资金专项审计调查，采取现场实地察看、调取项目档案会计资料、收集政策法规、召集相关人员召开座谈会等形式开展。

2. 问题发现

济南市历下区审计局通过开展审计调查，发现环保部门对部分专项治理资金把关不严、监管不力，使某些不符合政策条件的单位获取财政补贴，存在节能减排补贴资金违规使用情况，影响环保资金使用效益的发挥。

针对审计调查发现的问题，历下区审计局专项资金审计组约谈了环保局的某副局长、财务科长，了解环保部门节能减排资金管理使用情况及政策执行情况。该副局长介绍了环保部门的职责及近年来节能减排政策执行

的情况、环保局的职责范围，等等。财务科长介绍了 2013 年资金的收支分配情况和非税收人征收管理情况。调查中，财务科长提到辖区内某企业燃煤锅炉改造工作推进困难。

该企业于 2012 年 10 月向市环保局申报专项补助，申请批准后，该单位以气源不足、后期运行成本高为由，2013 年度拒绝实施改造，而 114 万元财政资金已经到位，区环保局向市环保局和市财政局请示后，将此资金转给另外两家单位实施燃煤锅炉改造项目。

正常情况下，如果财政预算项目因为种种原因未予以实施，应该由项目承担单位或预算单位向财政部门报告后，将财政资金归还原资金渠道，也就是收回财政资金，由原项目批准单位作为项目结余列入下年度预算。上述将燃煤锅炉改造工程专项资金转移使用的做法不符合环保专项资金管理规定。

3. 确定审计重点

从以上调查了解到的情况看，环保部门工作覆盖面大，专业难度大，给审计工作带来不小的挑战。而审计工作时间有限，正好跨越春节假日，有效工作日仅仅几周，如何尽快抓住审计重点和方向，成为考验审计组审计能力的关键。

经过初步分析，环保局当年专项支出中燃煤锅炉补助资金占 50%，涉及项目执行单位 9 家，并且此专项资金是中央级环保资金，资金用途较为明确，便于界定执行情况。因此，审计组决定，以资金拨付为主线，重点研究环保专项资金审批使用政策等相关文件的审查及延伸实地调查。

4. 审计实施

（1）熟悉相关文件资料

经过对燃煤锅炉综合整治政策文件的初步熟悉，燃煤锅炉综合整治方式包括两种：一种是高效除尘设施改造，另一种是用天然气等清洁能源燃料替代燃煤燃料。文件中对工作步骤、完成时限、各责任单位职责要求明确，并且详细列出项目档案应具备的资料清单。

（2）延伸审计资料核实与审计疑问

2014 年春节一过，审计组就将延伸审计的项目单位名单通知给了环保局，该局负责燃煤锅炉治理工作的业务科长张科长联系项目单位并安排了调查顺序。审计组用了一周多的时间，查看完所有的项目。审计组发现存在以下几个问题：

疑问一：项目档案的完善程度相差甚远，环保部门既没有与项目单位签订目标责任书，也没有如期验收项目。有的单位资料齐全，有的单位资料缺这少那，其共同点是环保部门都没有按政策文件的要求与项目单位签订目标责任书。项目执行过程中，也没有保存相应的检查记录。项目完成后，环保部门没有如期组织验收工作。这是环保部门失职懒政是履职不到位，还是另有玄机？

疑问二：项目实施时间不受限制吗？从9家单位项目执行情况来看，除了临时纳入改造范围的1家单位未改造完，其他8家单位全部改造完成。从统计的改造完成时间来看，有3家单位不仅完成，而且分别早在2009年10月、2010年11月、2012年11月就已经完成改造。而该项目的申报时间是2012年年底，同时政策文件中并未明确改造时间的起点，也就是未限制项目实施时间，仅要求2013年10月之前完成。问题是对早已完成的项目发放补贴，财政扶持环保项目的导向性作用还能发挥吗？

疑问三：实际看到的改造方式与申报方式及政策文件有差别，但是表面看这种差别不能直接否定实施效果，那么这种改造到底符不符合补贴范围呢？例如，财经学校原有总计50蒸吨规模4台锅炉，按批准的申报项目类型，属于袋式除尘器改造，按字面理解应该对锅炉实施部分改造，财政补贴按每台10蒸吨锅炉补贴20万元计算，共计补贴200万元。而实际情况是财经学校拆除了2台10蒸吨锅炉，对剩余2台实施除尘器改造，同时为满足冬季供暖需求新购进一台20吨的燃气锅炉。虽然申报内容与实施内容有差别，但是从实施效果来看，这种改造方式既起到了节约燃煤能源的作用，同时改造后保证了各项排放物指标达标合格。

延伸审计发现，7家单位申报清洁能源改造，即燃料由天然气替换燃煤，这种类型的改造因燃料变更，改造原锅炉成本太高，只有1家单位保留原锅炉，对锅炉机头进行改造，另外6家单位对原燃煤锅炉进行彻底拆除，采取新购进燃气锅炉或加入城市集中供暖管网的方式进行改造。这种拆旧建新的改造方式，文件中根本没有提到，但也不能说实施效果不好。

（3）审计疑问揭示

为解开上述疑团，审计组决定改变工作思路，从环保局方面下手，寻求突破。一方面开始从环保局年度工作总结、会议纪要、年度考核资料等入手寻求突破；另一方面与环保局的分管领导、前业务科长及相关工作人员约谈，了解事实真相。

依据上述审计思路，审计组一分为二，一组负责翻看环保局提供的工作总结、会议纪要、年度考核资料等文字资料，查找并记录与燃煤锅炉综合整治工作相关的所有记录。另一组约谈环保局的相关人员。经过约谈，部分情况得到验证。原来，燃煤锅炉改造推进工作的确非常难做，现在无论是企业还是事业单位，都要算经济成本的账，几十万元甚至上百万元的燃煤锅炉淘汰耗资对于现在经济不景气的企业来说，是一笔不小的负担，即使国家有政策扶持，但是考虑到目前天然气和煤气等气源供应紧张、价格较高、燃气运行成本远高于燃煤运行成本这些问题，企业淘汰更新燃煤锅炉的意愿和积极性实在不高。而参与此次改造的企事业单位，都是早就具备改造条件的，要么原锅炉已经到了使用年限，必须淘汰更新，要么是项目单位搬迁到其他地址或对原有建筑整体改造，需要拆除现有锅炉，新建锅炉已经纳入计划。所以，如果算这笔经济账不划算的时候，项目执行单位就会做出前文提到的先申报、后反悔的选择。因此，环保局采取了不主动与项目承担单位签订目标责任书、执行过程中不定期检查调度、项目完毕后不开展验收的方式。大多数项目单位在申报财政补助前，已经对燃煤锅炉改造完毕，或者正在进行中，完全不需要等待财政补助资金到位再开展项目，所以一旦项目申报得以批准，即使环保部门无所作为，项目完成也没有任何困难。

同时，负责查阅文字资料的审计员向审计组长汇报，从环保局向人大汇报工作的报告中发现，2013 年完成的"煤改气"锅炉改造数量是 6 台，这与财政补贴的锅炉数量相差 1 台。其他文字资料中反映，有的写 6 台，有的写 7 台，数据的出入是疏忽笔误还是有另有玄机？

另外，从对环保局前任业务科长的约谈中发现，加入集中供暖根本不算"煤改气"改造，而某项目单位申报财政补贴"煤改气"，实际却是加入城市集中供暖。审计发现，某项目单位完全不符合政策标准，却申领了财政补贴 91 万元，并且环保部门对此心知肚明。至此，案件事实基本清晰。

（四）出具审计报告与审计处理决定

审计组将审计发现的问题向审计局领导汇报，依据审计查清坐实的问题，出具环保资金专项审计报告，征求环保局对审计报告的意见，并下达审计处理决定。

参考文献

[1] 戴星翼，董骁.“五位一体”推进生态文明建设 [M].上海：上海人民出版社，2014.

[2] 丁桂馨.新时代中国生态文明建设理论与实践研究 [M].湘潭：湘潭大学出版社，2020.

[3] 樊雅丽.新型城镇化与生态文明建设研究 [M].石家庄：河北人民出版社，2013.

[4] 高标，唐恩勇，李思靓.生态文明建设与环境保护 [M].北京：台海出版社，2021.

[5] 谷树忠.生态文明建设的江苏实践 [M].北京：中国言实出版社，2018.

[6] 郭志英.中国独立审计市场政府监管效果研究 [M].上海：上海浦江教育出版社，2014.

[7] 韩亚男.新时代生态文明建设理论与实践研究 [M].长春：吉林大学出版社，2021.

[8] 胡志容，吕蓉.审计实务 [M].成都：电子科技大学出版社，2016.

[9] 蓝虹.促进生态文明建设的绿色金融制度体系研究 [M].北京：中国金融出版社，2021.

[10] 李冬辉.政府审计 [M].北京：中国铁道出版社，2017.

[11] 李萌，潘家华.城市发展转型与生态文明建设 [M].中国环境出版集团有限公司，2021.

[12] 李姗姗.绿色差异化视角下促进生态文明建设的财税政策研究——基于省级面板数据 [M].昆明：云南大学出版社，2020.

[13] 李威.生态文明的理论建设与实践探索 [M].哈尔滨：黑龙江教育出版社，2020.

[14] 刘三昌.政府审计 [M].沈阳：东北财经大学出版社，2016.

[15] 刘妍君，彭佩林.生态文明与美丽中国建设研究 [M].长春：吉林人民出版社，2021.

[16] 毛文永，李海生，姜华.生态文明建设之路 [M].北京：中国环境出版集团有限公司，2021.

[17] 钱易，温宗国等.新时代生态文明建设总论 [M].中国环境出版有限责任公司，2021.

[18] 邱秋，赵忠龙.生态法治 生态文明建设的保障 [M].昆明：云南教育出版社，2022.

[19] 曲明.政府绩效审计 沿革 框架与展望 [M].沈阳：东北财经大学出版社，2016.

[20]宋言奇.苏州生态文明建设 理论与实践[M].苏州:苏州大学出版社，2015.

[21] 孙平.我国政府绩效审计发展研究 [M].北京：经济日报出版社，2018.

[22] 王会金，戚振东.政府审计协同治理研究 [M].上海：上海三联书店，2014.

[23] 杨琪.审计学原理与案例 [M].沈阳：东北财经大学出版社，2018.

[24]张怀福.森林文化与生态文明建设实务 [M].兰州:甘肃文化出版社，2015.

[25] 张新，季荣花.政府与非营利组织会计 [M].北京：北京理工大学出版社，2021.

[26] 张修玉，施晨逸，刘煜杰等.新时代生态文明建设 中国路径与实践 [M].中国环境出版集团，2022.

[27] 郑石桥.政府审计基本理论探索 基于公共治理视角 [M].北京：中国言实出版社，2015.

[28] 郑小荣.中国政府审计结果公告研究 [M].北京：中国时代经济出版社，2014.

[29] 郑艳秋，蒲春燕.审计学 [M].北京：北京理工大学出版社，2018.

[30] 周亚荣.政府治理视角下的中国政府绩效审计研究 [M].武汉：武汉大学出版社，2010.

[31] 朱土兴.生态文明与丽水生态现代化建设 [M].北京：中国环境科学出版社，2008.